好男儿志在四方，
有能力前途坦荡

男孩的创造力是伟大的，潜力是巨大的，既然望子成龙，就要好好发掘，培养出男孩的能力。

苑玉伏◎编著

培养有能力的BOY男孩

Develop a capable Boy

企业管理出版社
ENTERPRISE MANAGEMENT PUBLISHING HOUSE

图书在版编目（CIP）数据

培养有能力的男孩 / 苑玉伏编著．-- 北京 ：企业管理出版社，2014.5

ISBN 978-7-5164-0771-4

Ⅰ．①培… Ⅱ．①苑… Ⅲ．①男性－修养－通俗读物 Ⅳ．①B825-49

中国版本图书馆CIP数据核字（2014）第060144号

书　　名：培养有能力的男孩
作　　者：苑玉伏
责任编辑：张　羿
书　　号：ISBN 978-7-5164-0771-4
出版发行：企业管理出版社
地　　址：北京市海淀区紫竹院南路17号 邮　　编：100048
网　　址：http：//www.emph.cn
电　　话：编辑部（010）68453201 发行部（010）68701638
电子信箱：emph003@sina.cn
印　　刷：北京潮河印刷有限公司
经　　销：新华书店
规　　格：170毫米×240毫米　16开本　16印张　150千字
版　　次：2014年5月第1版　2014年5月第1次印刷
定　　价：32.00元

前言

望子成龙是无数家长的殷切期望，家长从男孩呱呱坠地的那一天起，便将这种期望寄托在他的身上。扶儿学走路，教儿学说话，家长可谓费尽心思，含辛茹苦。男孩从牙牙学语到蹒跚学步，再到长大后的顶天立地，他们成长的每一阶段，无不倾注着家长的心血与汗水。

望子成龙，归根结底是要把男孩培养成一位有能力的成功人士。那么，男孩的能力从何而来呢？在于家长的教育方式。好的教育方式能够为社会培养出一个好男儿，不好的教育方式会为社会培养出一个害群之马。男孩的创造力是伟大的，男孩的破坏力也是强大的。

男孩有共性，各家的男孩又会有特性，同时，各家的家庭条件、社会背景等也有不同，为此，最好的教育方式便是因材施教，使自家的小男孩走出一条独有的成功路。

自古纨绔少伟男，即使家财万贯，男孩也要穷养。如果娇生惯养，使他要风得风，要雨得雨，表面上是呵护他，实际上是把他过早地推向了依赖的道路上。因此，华人首富李嘉诚虽然赚有几百亿美元的财富，在培养儿子李泽楷和李泽钜时有意让他们吃苦，在常人看来显得相当吝啬。宝剑锋从磨砺出，梅花香自苦寒来。如果爱，请深爱，别把爱停留在溺爱男孩的层面上，这种疼爱实际上是对男孩潜在能力的销蚀。

能力的大小，是多方面的综合体现。优秀的品质虽然不能直接体现能力，但却能给人留下良好的印象，给自己创造好声誉，吸引志同道合的人前来支持、帮助、提携、推举。好习惯的养成虽然一时半会看不到效果，但循序渐进的能力积累正是在遵循好习惯的前提下完成的。

成功的因素，同样是多方面的综合作用。男孩只有积极主动，有意开发自身的能力，才能更加迅速地在现实与理想之间架起一座桥梁，一步步实现梦想，兑现人生的价值。人生有限，学海无涯，只有不断学习，人生才不会倒退。从小培养男孩的学习兴趣，让男孩保持这种状态，在以后的工作中自然能够用学习武装自己，即使暂时没有用武之地，也会在将来占有一席之地的。

男孩有炫耀的心理，也有一股英雄气，当然也会遇到不少的挫折。在男孩的个人成长过程中，一切才刚刚开始，关键在于家长的引导。引导正确，男孩的炫耀心理能够逐渐变成形成个人魅力的动力，男孩的英雄气能够成为顶天立地的意志力和奋斗不息的勇气，而那些挫折，也将不再是男孩人生路上的绊脚石，而是一块块把男孩提升到成功巅峰之上的垫脚石。

家长是男孩一生的启蒙老师，是男孩最初的学习对象。在培养男孩的同时，要以身作则，树立榜样。“攻人之恶勿太严，要思其堪受；教人之善勿太高，当使其可从。”家长一定要考虑孩子的感受，不能借助自己的权威来破坏道理，否则只会误导孩子。

天下之事，必做于细。要想培养出有能力的男孩，也必须从细节着手。本书立足于此，从八个方面入手，全面详尽地向家长朋友介绍培养男孩的诸多细节。这些细节既有一定的理论性，更有重要的实践性。希望能够抛砖引玉，激发诸位家长朋友的教子灵感，为各个男孩家庭、为社会贡献一份绵薄之力。

第一章
男孩要穷养，在磨炼中成长

自古纨绔少伟男，成功男士大多都是从艰难穷苦处走出来的。与女孩相比，男孩有着心理和生理的优势，能够承受更多的磨难，也需要承受更多的磨难，以便在以后的人生道路上处变不惊，临危不惧，做出一番事业来，实现他的个人价值，满足家人望子成龙的期待。

第二章
做男孩的好榜样，培养出优秀品质

优秀的品质，对男孩的一生都有着重要的影响。有了优秀品质，再加上一定的才华，男孩就是当之无愧的德才兼备的社会人才，自然会有广阔的发展平台。在培养男孩优秀品质的时候，家长一定要起到榜样的作用，在各个方面好好引导。

第三章
培养男孩好习惯，让他尽早独立

男孩一定要注意从小培养好习惯，尽早独立起来。这时候父母多操心，以后就能少操心，对孩子对父母都非常有利。

第四章
对待男孩要热情，激发他的主动欲望

积极主动永远是一个人建功立业的根本，有了积极主动，男孩就能够自动自发地去思考人生的理想，探索自己的未来，利用自身的优势解决遇到的问题，从而愈发成熟起来，能力也会显著提高。

第五章
男孩贪玩，重点培养他的学习兴趣

“书山有路勤为径，学海无涯苦作舟。”吃得学习中的苦，才能熬成社会中的人。男孩大多贪玩，因为玩乐能给他们带来乐趣。同时，男孩大多厌学，因为学习让他们感到枯燥无味。当学习成为他们的兴趣时，男孩厌学的问题就自然解决了，因为他们将会像贪玩那样变得贪学。至于如何培养学习兴趣，方法有很多，关键要能让男孩从中体会到乐趣。

第六章
男孩爱炫，炫从魅力中来

男孩有炫耀的心理，当受到其他同学的追捧和羡慕时，心中会生出一种自豪感。有些男孩可能会借助物质条件的丰厚炫耀，达到引人注意的目的，从而满足自我。其实，这不过是渴望展现个人魅力的一种方式。为此，家长一定要慢慢引导，使男孩脱离物质炫耀的虚浮，培养他的内在气质，使他散发出独有的个人魅力来，从小培养他的领导才能。

第七章
男性天生刚劲，释放男孩的英雄本色

是男儿，就要做好男儿，显露英雄本色。英雄的特征有很多，比如志向远大、勇敢无畏，等等。男孩心中自有一股英雄气，一旦激发出来，自会顶天立地，敢打敢拼。有了这种意志和奋斗精神，不怕他没有出息。

第八章
男孩易受挫，让他乐观起来

与女孩相比，男孩接触的事物要更多，受挫的几率也会更大。每遭遇一次挫折，就会受到一次打击。尽管男孩的身板硬、心理素质好，也会被各种打击弄得一身伤，很有可能会导致绷紧的弦松弛下来，再也不能紧起来了，就像没有上发条的钟表一样，一直沉默下去，前途一片沮丧。为此，家长一定要做好与男孩的沟通，在理解、开导、鼓励、激发下，使男孩保持一种乐观的心态，开朗地面对未来，踏上他渴盼的人生之路。

第一章

男孩要穷养，在磨炼中成长

自古纨绔少伟男，成功男士大多都是从艰难穷苦处走出来的。与女孩相比，男孩有着心理和生理的优势，能够承受更多的磨难，也需要承受更多的磨难，以便在以后的人生道路上处变不惊，临危不惧，做出一番事业来，实现他的个人价值，满足家人望子成龙的期待。

1. 男孩会被宠坏，千万不能溺爱他

很多家长总是这样认为，宁可自己辛苦点，也要让孩子多享福。其实这种教育方法是错误的，这会滋长男孩子坐享其成的坏习惯。因此，父母要让孩子从小就开始做一些家务等力所能及的事情，锻炼他们的独立能力。

新学期开始了，小黄迈入了自己的高中时代，成为了高一年级的新生。然而处于年少花季的他整日心情却总是很郁闷，老是愁眉不展，完全没有少年的朝气蓬勃。在家他还总是和自己的父母发脾气，从小将他奉为皇帝的父母则是唯唯诺诺，任凭儿子使唤。

小黄正处于青春期，他的情绪处于抑郁状态，并且还极端焦虑，而导致他这种状态的原因正是父母溺爱的抚养方式。饭来张口、衣来伸手是当代孩子生活的生动写照。正是由于父母的溺爱，很多孩子的自理能力很差，有的甚至连最基本的洗脸刷牙都不会。这种错误的教育所培养出来的孩子只会整天贪图享受，从来不知心疼父母。它还导致他们极端自私，不会在人际交往中懂得关心他人，与别人和睦相处。因此，溺爱并不是真正的爱。

中国有句古话，名叫“惯子如杀子”。这句话是千年古训，它形象深刻地说明溺爱对孩子的严重危害。不仅如此，宠爱孩子会对他们的自身性格产生诸多消极影响，会体现在他们生活成长的各个方面，比如学习、孝敬父母等。

一个孩子过分受到宠爱，他就会在无形之中养成做任何事都要依赖他人的坏习惯。如今的孩子大多都是独生子女，他们在家里过着锦衣玉食的生活，如果用一幅图表示，那么图上的箭头总是指向孩子的，而四周则是大人对孩子的爱，这意味着他们整天都被这种溺爱包围着。在这种情况下，他们只会接受爱，而不懂得付出爱；他们从来不会向别人来表示关心与问候。

在通常情况下，一个人要想和别人相互表示关爱，他首先要和别人建立联系，然后才能对别人表示爱意。然而，在百般宠爱中的独生子女的情感表现得非常冷漠，他们总是觉得别人对他们的爱是天经地义的，理所应当的。

一个孩子只有得到真正的爱，他才会感到美满幸福，然后又会把自己的爱回馈给别人。人生就是这样，人的一生，要学会不断接受周围人对他的爱以及社会对他的爱，另外他又要把这种爱传播给更多的人，这样他才能有一种幸福的体验。但是，我们现在的独生子女没有获得爱别人、爱社会、爱这个世界的幸福体验，这是一个很严重的问题。

溺爱教育的危害还在于，在溺爱环境下成长的孩子，他们的价值观念在发生着悄然改变。一个孩子在溺爱的环境中长大，他生来就没有接受到正确价值观的熏陶。当他迈入社会时，他就会发生一系列的问题，由溺爱引发的种种毛病便接二连三显示出来。他们办事往往会我行我素，然后就会觉得自己不需要那些所谓的正确价值观，这样的人是难以在社会中立足的。习惯了享受的人总会以自我为中心，只要他自己满足就可以了，甚至他的思维就停滞在那种感觉里。这样的孩子，他对很多问题，比如原则性的问题、价值观的问题等全部是处在混乱状态中的。

溺爱使孩子能力低下。我们的家长都希望自己的孩子有学习能力，并且成绩优秀；也希望自己的孩子拥有自信，能顶天立地的做事。所有的家长都会这样想，但是我们却对孩子实施溺爱，这样教育的结果，就导致了孩子能力低下。溺爱使孩子在各个方面的能力都退化了。

一个孩子，他从出生时就有一种自然遗传下来的向外的张力，让他趴在那个床上他就会往前爬，这是一个人的本能，也就是说人类在繁衍的时候，就形成了这种认识世界和改造世界的遗传基因，但是我们孩子的这种能力往往被家长剥夺了。比方说孩子吃饭，本应该孩子自己吃，可家长就是要端着碗往他嘴里喂，担心孩子自己会吃不饱。在方方面面我们对孩子都进行了百般的呵护，其结果就导致了孩子诸多能力的下降。可能有的朋友会问，溺爱有这么严重吗？当然。人的智力是怎样产生的？人的智力是通过大脑器官对世界的探索培养起来的。我们溺爱孩子，就使孩子在各个方面都被限制在一个环境里边，他没有机会去运用他的大脑，没有机会运用他的语言功能，更多的就是不能使左右脑相互配合，将他的创造能力发挥出来。

劳动就是在开发孩子的智力，劳动会让孩子的大脑锻炼起来。怎么理解这个事情呢？一个孩子在生下来时，有无限的能力，在正确的指导下他是无所不能的，反之则亦然。法国有一对老夫妻，他们五十多岁时才生了一个孩子，于是这对老夫妻对这个孩子百般的呵护和溺爱，孩子25岁的时候，解大便还得父母帮助。大家试想一下，如果这两位老人不在了，这个孩子怎么生存？这对老夫妻就是所有的东西都从来不让孩子自己动手，导致了孩子所有的能力、甚至本能都消失了。作为一个社会上的自然人，他的所有的本能都没有了，那他怎么还在这个社会上立足？说到这儿，大家或许会说：我们的孩子不会是那样的。是的，因为这是一个极端的案例。但我们为了增强孩子的能力，坚决不能溺爱孩子，要理智地爱孩子。

由于父母的溺爱，孩子的兴趣爱好就会被掩盖起来，这样他将来发展的空间就会在无形之中受到阻碍。当一个人被家长强迫学习自己并不喜欢的内容，他只会用厌学来反抗。很多时候，父母如果尊重他

的意见，让他自由发展，他就会以百倍的自信来面对通往理想之门的种种阻碍，他就会积极主动去分析自己的原因，从而让自己今后得以长远发展。而在溺爱氛围中成长的孩子一旦投入到学习生活，他就会遇到各种各样的问题。当遇到阻碍时他们不是积极面对，而是选择逃避，有的甚至还厌学，甚至辍学。

2. 男孩不能娇生惯养，给他灌输正确的金钱观

男孩必须清楚，金钱在生活中很重要，用它可以买来许多自己的生活必需品。但是他也必须明白，金钱不是万能的，它不可以买来友情、亲情等无法用金钱衡量的东西。要让孩子树立正确的金钱观，就不能对孩子娇生惯养。

有一次，君君的家中不幸发生了偷窃事件，可谓损失惨重。就在爸爸和妈妈一筹莫展的时候，君君却对爸爸提出这样的要求：“爸，明天是我好朋友的生日，我们关系非同一般，你给我500元钱，我要和他庆祝一番。”

君君的话让爸爸不禁愕然，他不到10岁，竟然要500元钱和朋友去庆祝。爸爸对他讲：“儿子，你也清楚我们家里的近况。爸爸哪有钱给你请同学过生日？”君君听后一副不以为然的神态，说道：“是的，我知道你最近没钱，可500元钱总拿得出吧。再说，我和他是哥

们儿，我已经答应他了，哪有出尔反尔的道理？”听着君君理直气壮的回答，爸爸只有一脸的无奈，心中一定悔恨不已。因为平时他对儿子是娇生惯养，只要是儿子提出的要求都一一满足。可是这次家里出事，君君非但不闻不问，还提出无理要求。

生活中，像君君那样，平日里贪图虚荣、讲究排场的男孩有很多。他们之所以形成不良的消费习惯，与父母错误的金钱教育不无关系。他们根本不清楚金钱来之不易，根本不知道这是父母辛苦工作换来的钱。

父母要对男孩进行正确的“金钱教育”，就应告诉男孩金钱是什么，它可以用来做什么，不能用来做什么。作为父母，虽然他们无法像学校的老师一样对孩子耳提面命，但他们的言行同样可以影响孩子们的金钱观，甚至可以说正是他们的一些言行，让男孩树立起错误的金钱观。

很多时候，绝大多数父母为了让男孩好好学习，往往用金钱来诱导，擅自规定只要考试考多少分就奖励多少钱；有的父母在给男孩买了学习用具或是玩具时，总是刻意强调买这些东西花了多少钱，如果不好好学习就对不起父母等等。这种在男孩生活中刻意强调金钱的教育方式，长时间的话，它会在潜移默化之中在孩子们的心里形成了钱能解决一切、钱能换来一切的观念。

对男孩进行金钱教育，要根据不同的年龄采取不同的措施。对于3岁的男孩，父母可以教他辨认钱币，包括硬币和纸币，让他可以区分钱与其它的东西；对于4岁的男孩，他们应该清楚每种硬币的面值是多少，还应知道有些东西是用金钱无法买到的；对于5岁的男孩，他应该认识每种硬币的等价物，并知道钱是如何来的；对于6岁的男孩，他应能够数出大量硬币；对于7岁的男孩，他应该懂得看价格标签。

总之，只有纠正男孩扭曲的金钱观，使他树立正确的金钱观，男孩才不会“一切向钱看”，否则，那会对他们未来的成长产生许多不利影响。

3. 花钱容易挣钱难，男孩要懂得节俭

花钱如同水退沙，挣钱如同针挑土。男孩应当明白这个道理，养成勤俭节约的好习惯。

华华在家中一直是父母的掌上明珠，父母一直对他是百般宠爱。平时只要他要什么总是想方设法满足他。可是，一件事情改变了父母的做法。

有一天，爸爸和妈妈带着华华到肯德基去吃饭。华华在家中已经养成了浪费的习惯，他让爸爸给他要了最贵的套餐，结果他根本吃不了那么多。在他旁边有一位和他年龄相仿的男孩，人家总是要最便宜的，因为他觉得父母赚钱不易，所以只要能够吃到就可以了，没必要在意要最贵的。回到家后，华华的父母经过反思，觉得他们的娇惯让儿子从来不懂得珍惜，不懂得节俭，因此他们决定以后要培养华华俭朴节约的习惯。

古往今来，中国人一直信奉一个朴素的道理：凡是勤劳俭朴就可以兴旺发达，懒惰浪费最终会招致失败。中华民族便是以其勤劳俭朴的美德著称于世，并凭借这种精神创造了光辉灿烂的华夏文明。因此，人们将勤劳俭朴视为一种美德。然而，如今很多家庭是独生子女，父母总是任劳任怨，不辞劳苦，给儿女提供一切优越的条件，往往忽视了对他们勤劳俭朴的教育。

对于父母，在教育男孩的过程中，尽管家中只有他一个孩子，也要从小让他懂得与别人分享，不能让他觉得自己是家中唯一有特权的人。有的父母自己节衣缩食，对自己要求苛刻，对儿子则是大大方方，从不拒绝。这样的纵容会让男孩觉得自己的一切要求都是理所应当的，父母为自己的全心付出也是应该的，这会让他养成大手大脚乱花钱的习惯。有的男孩还会拿父母的血汗钱随意请客，过着花天酒地的生活。他们根本不会理解父母的苦心，不会懂得孝敬父母。父母要从小让男孩觉得自己只是家庭中的一份子，有了任何好吃的东西要懂得和父母分享，不能只是自己一人独占，从不懂得心疼父母。

父母应以身作则，为男孩做好榜样。父母在生活中应养成节约的好习惯，节约一度电，珍惜一滴水，绝不浪费一分钱。父母要告诉男孩“一饭一粥，当思来之不易。”这样，男孩就会从现实中去理解自己生活中的一切都是别人劳动的结晶，体会“谁知盘中餐，粒粒皆辛苦”古训的深意。只有懂得“勤以立志、俭以养德”的道理，男孩才会珍惜别人的劳动成果，养成勤俭节约的好习惯，为将来的成功奠定基础。

4. 男儿当自强，男孩应尽早做到生活自理

“吃自己的饭，滴自己的汗。靠人、靠天、靠祖上，不算是好汉。”男孩就应自立自强，不应过多依赖父母，在小时候最起码要做到生活自理，只有这样，以后才能做一个顶天立地的男子汉。

有这样一个故事，它讲述的是男孩摔倒后美国、非洲和中国家长三种不同的态度。其中，当美国孩子摔倒后母亲会说：“宝贝，自己站起来！”然后，母亲用鼓励的眼神望着孩子，直到他自己站起来；当非洲孩子摔倒时，母亲一言不发，只是在孩子旁边反复模仿摔倒并站起来，以无声的实际行动让孩子自己站起来；当中国的孩子摔倒后，他的母亲会马上跑过去扶起孩子，不停地说：“宝贝，别哭，摔着没有？”有时母亲为了安慰小孩，还直跺地面：“都怨地不好，让宝宝摔倒了，妈妈打地，宝宝乖！”不久孩子便不哭了。

在以上三种教育方式中，美国孩子独立性最强，他从小便会照顾自己；非洲孩子也可以自己照顾自己，他从小就离开父母去闯世界；而中国孩子由于长期生活在父母的“保护伞”中，他们无法独立生活，自理能力极差。许多中国的家长把自己的孩子当做掌上明珠，宁可让自己吃万般苦，也不愿让孩子受一点累。这会让男孩依赖性特强，从来不会自己独立面对现实中的困难。

中国家长应该借鉴美国人的教育方法，美国教育专家认为，培养孩子的抗挫折能力，其目的便是培养他的独立生活的能力。在美国，男孩自幼便会单独拥有自己的房间，自己可以在自己的空间内自由活动，锻炼独立生活的能力。在美国，大学生都是通过自己的努力来挣钱交学费的。即使到了他们成家的时候，父母也仅仅送上一个祝福，不像中国父母那样为儿子买房子以及送彩礼等。

因此，中国父母应该尽早锻炼男孩独立生活的能力，从两三岁起就应该让男孩独自睡觉，让孩子学会自己吃饭、穿衣、整理床铺、收拾玩具等。等他五六岁的时候，便可以让他打扫房间、替父母买东西等。十几岁的时候，父母便可以要求孩子独立解决自己的问题。只有让男孩从小学会独立生活，他才可能在现实中逐渐成熟，提高自立能力。

提高自立能力，男孩就应该有独立的思想和判断力。他不能总是迁就于别人，在关键的时刻，他要有主见与看法，要按照自己的思维去办事。只要能够自立，哪怕遇到再大的困难他都会坦然面对，勇于接受。

5. 挫折和逆境是男孩成熟的必经之路

挫折是人生成长的重要组成部分，逆境是培养孩子耐力和韧性的最好学校。家长只有让孩子在现实中接受磨练，他们稚嫩的翅膀才会变得丰翼，他们的人生才会变得成熟。

人生不会一帆风顺，难免会有大大小小的坎坷，男孩的成长也不例外。身为父母，望子成龙是他们终生的愿望。于是，很多家长想方设法为孩子提供优良的环境，让孩子接受最好的教育。事实上，现实中的种种磨难正是教育孩子的最好老师，生活中的大小逆境正是磨炼孩子毅力的运动场所。它就像一个无形的课堂在教育孩子，教导孩子学会如何为人处事，如何面对困难不幸。只有经历现实的磨练，男孩才不会纸上谈兵，变得更加成熟，只有跨过无数的沟坎，男孩才不会鲁莽行事，从而跃上人生更高的台阶。

面对人生的磨难与逆境，家长对它们所采取的不同态度会对孩子个性的形成产生截然不同的影响。如果家长树立积极的心态，乐观面对生活中的不幸，在哪里跌倒就从哪里爬起来，男孩就会从家长的言行举止中树立正确的人生观和价值观。有时孩子会在潜移默化中从家长身上学到不少的东西。它不需要父母亲自言传身教，正如“润物细无声”，它会在无形之中影响着男孩的一生。与之相反，如果家长自己面对现实自暴自弃、万念俱灰，即使自己对孩子严加管教，孩子也会在无形之中受到父母的影响，消极面对人生的一切。

父母是男孩一生的启蒙老师，当孩子遇到不幸时，家长的鼓励是非常重要的。如果男孩在联欢会的表演中表现不好，有时甚至当众出丑，如果父母这样对他说："你这回没做好，只不过是事先没有准备好罢了，只要下次好好准备，超过别的小朋友绝对没问题！"父母不经意的一句话会让孩子感到无比自信，不会再自惭形秽。如果父母这样说："以后再也不要上台表演了，免得当着那么多小朋友的面出丑。"这样会挫败孩子的积极性，让孩子对自己感到失望。

现实是最好的学校，"穷人的孩子早当家"便说明了这个道理。齐白石是国画大师，艺术界的泰斗，他辉煌成就的取得，与他家境贫寒不无关系。

齐白石是湖南湘潭人，由于家中兄弟众多，他自幼便承担起了家务，有时不得不停学在家帮忙。挑水种菜、扫地打杂、上山砍柴，还有照顾弟弟，家务的繁忙压得年幼的齐白石喘不过气来。但是就是在这种恶劣的环境下，齐白石的求知欲更加强烈。不管多忙，他都不会忘了学习。外公告诉他读书是任何地方都能进行的，也是应做的。他牢记外公的教导，不论是上山放牛砍柴，还是平时照顾弟弟，齐白石总是书不离手，抓紧一切时间学习来充实自己。每当砍柴时，他总是把书本挂在牛角上，干完活之后便读书。长期下来，他不但温习蒙馆中已学过的几本书，他还自己学习《论语》，把不懂的地方、不认识的字记下来，积累一段时间去请教外公。时间一长，他竟然把《论语》读完了。

齐白石每天除了读书识字，他还坚持每天画画。他曾下定决心，做一个像王冕那样勤勉的画家。于是，齐白石坚持不懈，养成了勤奋刻苦的习惯，尽管他的生活很艰苦，但是他收获的却是无限的快乐充实。为了表示纪念，齐白石专门刻有"吾幼挂书牛角"印。

齐白石自幼体弱多病，由于他每天帮家里干活，有时还要读书至

深夜，祖母对他的身体十分挂牵，为了乞求平安，她还特意请一位瞎子为齐白石算命，同时还获得了一件铜铃和刻有“南无阿弥陀佛”的铜牌，可惜的是这铜铃和铜牌在民国初兵乱中都丢失了。为了表示对祖母和母亲的感谢与怀念，齐白石还特意仿制了一套挂在腰间，上面写了一首诗：

祖母闻铃心始欢，也曾挂角牧牛还。儿孙照样耕春雨，老对犁锄汗满颜。

星塘一带杏花风，黄犊出栏东复东。身上铃声慈母意，如今亦作听铃翁。

正是由于贫困的家庭环境，齐白石才日益养成了勤奋好学、遇挫不败的习惯。这为他以后成为大师奠定了最初的根基。由此可见，逆境是人生成长的最好学校。没有那样的家庭环境，或许20世纪的绘画史上就会少一位大名鼎鼎的人物。

通常而言，人们衡量一个人的智力用IQ，对于逆境而言，还有“逆境商”。它指的是AQ，即Adversity Quotient，是当人面对逆境时所产生的反应能力。当一个人AQ指数高时，他面对困境就会自我激励、知难而进；当AQ指数低时他就会垂头丧气，悲观失望，最终一事无成。

当一个人的智商、情商水平相当时，逆境商将会对一个人的人格完善和事业成功发挥关键的作用。一个人只有摔过多次跤之后才会学会走路，只有多次扣错扣子后才会学会穿衣服。从小到大，孩子的成长遇到无数的麻烦是司空见惯的事情。只有在逆境中磨练自己，他才会学会逆事顺办，自我控制情绪，坦然面对人生的得失；只有在经历逆境之后，一个人才会积累丰富的人生经验。

挫折是人生不可或缺的一部分，逆境是培养孩子耐力和韧性的好学校。家长只要正确对待挫折与逆境，就会让男孩在人生的成长中始终保持积极心态，形成坚持、执著的品性，为人生中的困境罩上希望的光环，为实现人生的理想插上成功的翅膀。

6. 锲而不舍的男孩才能在天空展翅翱翔

发扬锲而不舍的精神，贵在要有恒心，因为恒心是成功的基石。恒心可以让铁棒磨成针，可以滴水穿石。如果没有了恒心，就像鸟儿没有了翅膀，永远也不能在蓝天中翱翔。

史泰龙是美国电影界家喻户晓的明星，可是他的演员梦的道路却不是很容易。他高中便辍学了，他的梦想是当一名演员，然而他并不具备当演员的条件，因为他相貌平平，单看长相就不会有人对他的演员梦看好。他本人后天又没有经过专业的培训，实现演员梦实在是难上加难。然而，成功的信念成为了史泰龙无形的精神支持，他下定决心，为了理想一定决不放弃。

史泰龙来到好莱坞，先后无数次找导演，找明星，找制片人……他们的一致意见是：你根本不行，简直是在痴人妄想。尽管他无数次恳请别人给他一次机会当演员，但他总是一无所获，换回来的总是冷漠的目光和嘲讽的讥笑。

史泰龙遭拒后并不气馁，他觉得失败一定有原因，因此他一次次进行自我反省，自我检讨，努力学习。后来钱也花光了，史泰龙只好到好莱坞做一些笨重的体力活来维持生计。两年下来，他遭受了100多次的拒绝。

史泰龙有时也伤心过，彷徨过，然而他心里更多的是不服气。于是他开始写剧本，希望能通过自己的剧本换回一个当演员的机会。一年以后，剧本写好了，他拿着剧本访遍了众多导演，结果很少有人赏识他的作品。即使有一两个感兴趣的，一听他说要当男主角，就纷纷摇头拒绝。

面对无数次的失败，史泰龙并没有丧失勇气，一蹶不振，他总是不断地对自己说："我能行，我一定会成功的！"后来一个拒绝了他二十多次的导演对他说："我不知道你能不能演好，但是你执著的精神让我感动，我可以给你一次机会，但是我要把你的剧本改成电视剧，先拍一集，你来当男主角，如果效果好，我们继续，如果效果不好，你就从此断绝了这个念头吧！"

为了这一动人的时刻，史泰龙已准备了整整三年了，他全身心地投入了拍摄，苍天不负有心人，他成功了！这部电视剧第一集就创下了当时全美国的最高收视纪录。至此以后，几乎所有的美国人都知道了史泰龙的名字。史泰龙的成功得益于他锲而不舍，为了理想坚持不懈去奋斗。

有人向一位智者请教成功的秘诀，智者递给他一颗花生，让他用力捏它。结果那人用力一捏，花生壳碎了，剩下的是花生仁。智者再次让他搓，那人照着做后，红色的种皮被搓掉，留下的是白白的果实。智者还让那人继续用力捏，然而无论他怎样做也没法把它毁坏。智者告诉他，尽管屡遭挫折，饱受磨难，但是依旧保持一颗坚强的百折不挠的心，这便是成功的秘密。

"冰冻三尺，非一日之寒；滴水石穿，非一日之功。"不论任何人做任何事情，缺乏锲而不舍的精神将会一事无成。尤其是对于男孩，由于他们往往容易急躁，急功近利，所以他们做事往往缺乏耐心。

男孩要想成功，他就需要一种持之以恒、不达目的誓不罢休的精神。锲而舍之，朽木不折；锲而不舍，金石可镂。要想成功，必须积累；要想胜利，必须坚持，这是亘古真理。一只小蚂蚁爬了数次墙，但是它还是失败了。面对眼前光滑的墙壁，要想爬上去好比登天。可是小蚂蚁并没有放弃，它仍然一如既往地重新站起，重新开始，继续艰难往上爬。“从哪里跌倒，就从哪里站起来”，男孩只要像蚂蚁一样，锲而不舍顽强拼搏，他的一生迟早会走向成功。

现实生活中，失败者通常总是多于成功者，两者之间的最大差别就在于后者具备坚定不移的决心和锲而不舍的精神。哪怕他前进的道路上有再大的阻力和困难，他始终不能被打倒。

7. 男孩意志要坚韧，强大的内心激发强大的力量

男孩将来要建功立业、事业有成，就必须有坚韧的意志。有了它，便能激发强大的力量，从而有破釜沉舟、背水一战的勇气，有不达目的绝不罢休的魄力。

早在春秋战国时期，一位儿子随同他的父亲出征。当时父亲是统领十几万士兵的将军，而儿子还仅仅是马前卒。当一阵号角吹响时，战鼓雷鸣，震天动地。父亲庄严地托起一个插着一支箭的箭囊，郑重地对儿子说：“这是家袭宝箭，带在身边力量无穷，但千万不可抽出来。”儿子双手接过那箭囊，看见那是一个极其精美

的箭囊，厚牛皮打制，镶着幽幽泛光的铜边儿，再看露出的箭尾，一眼便能认定是用上等的孔雀羽毛制作。儿子对它爱不释手，喜上眉梢，贪婪地推想箭杆、箭头的模样，耳旁仿佛嗖嗖地箭声掠过，敌方的主帅应声折马而毙。

果然，儿子在佩戴宝箭时英勇非凡，所向披靡，不一会儿便凯旋。回到驻地后，儿子再也禁不住得胜的豪气，强烈的欲望让他完全忘记了父亲的叮嘱，呼一声拔出宝箭，想看个究竟。当他打开箭囊的一瞬间，惊呆了：原来箭囊里装着一支折断的箭。儿子此时被吓出了一身冷汗，仿佛顷刻间失去支柱的房子，轰然意志坍塌了。后来，儿子在乱军之中被踩死。

父亲得知后，手握那柄断箭，沉重地叹了一口气："不相信自己的意志，永远也做不成将军。"

的确如此，男孩要想事业有成，必须有坚韧的意志。把自己的一时成败寄托在一支宝箭上是十分愚蠢的做法，而那种将自己生命的核心交给别人则是更危险的行为。男孩自己本身就是一支箭，要想让它无比坚韧与锋利，让它百步穿杨、百发百中，就要不停磨砺。男孩心中必须明白，别人不能拯救你，唯有你自己才可以拯救自己。

安徒生是享誉世界的童话大师，他曾经说过："我这一生称得上是一部美丽动人的童话，情节曲折变幻，引人入胜。我在这里坦率地叙述了自己童话似的一生，心中充满了自信，好像坐在亲密的朋友们中间共话家常。"他小时候十分喜欢写东西，尽管家境不宽裕，不过他的童年还是十分快乐的。

有一天，安徒生和一群小孩获邀到皇宫里去晋见王子，请求赏赐。由于安徒生不论唱歌，还是朗诵剧本，表现都很出色，获得了王子的高度赞赏。

表演结束后，王子特意找到他，问道："请问你有什么需要帮助的吗？"安徒生满怀自信，说道："我想写剧本，并在皇家剧院演出。”王子听后觉得很可笑，他对眼前这个有着小丑般大鼻子，和一双忧郁眼神的笨拙男孩从头到脚打量了一遍，说道：“背诵剧本是一回事，写剧本又是一回事，我劝你还是去学一项有用的手艺吧！”

尽管这件事让安徒生有点不开心，但是他从未放弃过创作剧本的梦想。为了实现自己的愿望，他用自己积攒的钱，独自一人到哥本哈根去追寻他的梦想。他在哥本哈根过着流浪的生活，他曾经敲过所有哥本哈根贵族家的门，尽管别人对他置之不理，但他从未想到放弃。他一直坚持写作史诗、爱情小说，不过并没有引起人们对他的关注。

有一年，几位评论家读到了一个叫《阿芙索尔》的剧本，这是一个冒失的年轻人送来的。剧本韵律不齐，有许多语法错误——当然，作者毫无修养是有目共睹的。不过这其中有许多火花真实地、生动地闪烁着，也许这个微不足道的小家伙可以给戏剧界带来点清澈的东西。于是剧本的作者，我们的安徒生被送进拉丁文学校深造，国家顾问古林先生为他申请了一笔皇家公费以支付用度。

在学校里，由于安徒生不懂上流社会的礼节，和别人相处时显得格格不入，其他的同学根本瞧不起他，嘲笑他是乡下佬。同时，面对那些繁复的无聊的拉丁文修饰语，那些空洞的矫揉造作的语言，安徒生还是通过自己的努力将它们背诵下来，顺利通过了毕业考试。在这几年中，安徒生有机会大量阅读许多诗人和作家的作品，其中拜伦、海涅、司各特对安徒生的影响很大。

有一次，安徒生随意写了几篇童话故事，让他意外的是这些故事竟然引起了无数儿童的争相阅读，他们都期待安徒生新作品的发表。于是，安徒生把自己的精力全身心投入到童话的创作之中，他也因此成为世界文坛举足轻重的作家之一。如今《国王的新衣》、《豌豆上的公主》等安徒生所写的童话故事，仍被成千上万的小朋友们传诵，这些故事陪伴他们度过了自己美好的童年。

安徒生不管遇到任何困难，都坚持不懈，为自己的梦想而顽强奋

斗，最终写下了世界上最美丽的童话。男孩就应该像他那样，无论环境多么困苦，都不可以向它低头。只要有坚韧的意志，他一定能够创造属于自己的蔚蓝的天空。

8. 小细节中有大命运，穷小子也能成富老板

每一件简单的事做好就是不简单，把每一件平凡的事做好就是不平凡。只有做好细节，一个人才会有成功的机会。在小细节中，往往蕴含着大命运。一个身无分文的人，也可能因为细节的完善而成为一个富有的人，无论是从精神上还是从物质上来讲。

默巴克是美国一所大学的普通学生，他的家境并不是很好，他学习十分用功，学习成绩一直非常优秀，每年都可以拿到奖学金。为了缓减父母沉重的压力，小默巴克从小便十分懂事，从上大学开始便打零工，比如收发信件报纸、修剪草坪等，后来默巴克承包了打扫学生公寓的工作，也正是这个工作改变了他的一生。

默巴克从打扫学生公寓那天起，他不断发现在沙发缝、学生床铺等各个角落会有许多沾满灰尘的硬币，它们有1美分和2美分的，也有5美分的，而且每间学生公寓里都有。当默巴克将这些硬币捡起来还给同学们的时候，大家都看不起这些小钱，表现出了不屑的神情。他们觉得这些钱实在是微不足道，甚至连半个冰棍都买不来。

这本是一个被众人忽视的现象，可是默巴克却感到十分不理解，于是他给财政部和央行写信，反映小额硬币被人白白扔掉的事情。财政部很快给默巴克回信说："每年有310亿美元的硬币在全国市场上流通，但其中的105亿美元正如你所反映的那样，被人随手扔在墙脚和沙发缝中睡大觉了。"默巴克收到信后，他被105亿美元这庞大的数字所惊呆了。这些硬币常常散落在沙发缝、地毯下、抽屉角落等地方，如果能使这些硬币流通起来，利润将多么可观啊！

大学毕业后，默巴克并没有忘记财政部写给他的回信，于是他成立了自己的"硬币之星"公司，推出了自动换币机。顾客只要将手中的硬币倒进机器，机器会自动点数，然后打出收条，写出硬币的面值总计。顾客凭收条到超市服务台领取现金，当然，自动换币机要收取约9%的手续费。他的这一措施一经推出，便受到了大众的一致好评和喜爱，美国各地的超市纷纷同默巴克的公司联系，要求合作。在短短的5年间，"硬币之星"公司在美国8900家主要超市连锁店设立了10800台自动换币机，并成为纳斯达克的上市公司。

默巴克从一文不名的穷小子到一夜暴富，成了众人羡慕的富翁。人们称他为"一美分垒起的大富翁"。成大业若烹小鲜，做大事必重细节，他的成功秘诀便是关注细节。

托尔斯泰说过："一个人的价值不是以数量而是以他的深度来衡量的，成功者的共同特点就是能做小事情，能够抓住生活中的一些细节。"因此，对于男孩而言，要想成功必须注重细节。

现实中，很多人往往就是忽视细节才会导致失败。人们正是由于忽视了细节的存在，才阻碍了他们通往成功的道路。一个铁钉看似不值一提，可是它一出错，一匹马的马蹄铁掌就有可能松动，一匹战马就可能摔倒，一个士兵就可能丧命，一个军队就有可能失败，最终一个国家便有可能灭亡。细节如同一根小小的铁钉，忽视它的人必然要付出更大的代价，重视它的人一定会前途似锦。

“不积小流无以成江海，不积跬步无以至千里。”成就事业需要聚沙成塔，需要细节的累积。男孩要将手头的小事做到完美的境界，把每一个细节做到完美，那么他将来一定会成为一个了不起的人。

9. 给予挫折教育，增加男孩的抵抗力

戴尔·卡耐基说过：“障碍与失败是通往成功的两块最牢靠的踏脚石。若肯研究它们，利用它们，便没有别的因素更能对一个人发挥作用。”对于男孩，接受挫折教育有利于他们的成长。

海浪有高潮也有低潮，人生有峰顶也有低谷。在前进的道路上，男孩的人生不可能永远春风得意、一帆风顺，也不可能永远背时背运、道尽途穷。面对困难，男孩应该顽强拼搏，只有拼力攀登，才能更快地到达顶峰；只有主动奋斗，才能更快地突破逆境。

海伦·凯勒两岁时不幸被病魔残酷地夺走了视觉、听觉和说话的能力，从那一刻起，他眼睛看不见、耳朵听不见、嘴也不能说话。对于一个年仅两岁的孩子来说，这真是灭顶之灾。然而，海伦·凯勒并没有被困难压倒。这时，一位家庭女教师出现在了她的身边。女教师犹如天使，教会小海伦怎样与人打交道。她们相处了几天关系便很融洽，在老师的帮助下，海伦不懈努力，刻苦学习，凭借顽强的意志考上了美国著名学府——哈佛大学。

海伦·凯勒在老师的无私帮助下进行全世界旅行，她把毕生的精力献给了帮助聋哑人的教育事业。她也成为了一名聋哑作家，她的散文代表作《假如给我三天光明》感人肺腑，以一个身残志坚的柔弱女子的视角告诫身体健全的人们应珍惜生命，珍惜造物主赐予的一切。此外，她还出版了自己的自传性作品《我的人生故事》，被誉为“世界文学史上无与伦比的杰作”。

在荷兰阿姆斯特丹一座教堂遗迹上，刻着“事必如此，别无选择”八个字。它告诫世人面对人生的挫折，消极逃避是解决不了问题的，敢于面对才是理智的举动。哲学家叔本华认为“逆来顺受是人生的必修课”，诗人惠特曼则用“让我们学着像树木一样顺其自然，面对黑夜、风暴、饥饿、意外与挫折”来表示对挫折的态度。因此，男孩必须接受挫折。

所谓挫折，它指的是现实中的情况不如预期设想时的情境与感受。根据年龄的不同，男孩会有不同的挫折经验，也有不同的表现。对于幼小的男孩来说，他想要外出玩耍，妈妈不允许；或者他想吃冰激凌，妈妈表示反对，这些都可能使男孩感到有受挫折的感受。遇到挫折时，年幼的孩子通常会哭闹或发脾气。对于学龄期的男孩，他们的挫折主要表现在可能是遇到困难无法解决，或无法达成预期的目标，比如他希望数学考100分，结果只考了90分。面对挫折时，他们的表现是生气、沮丧、觉得丢脸等情绪反应。遭遇挫折是人生必经的坎，当挫折来临的时候，我们没有选择，只能接受不可避免的事实并做自我调整。

很多时候，父母会觉得幼小的男孩心理承受能力比较差，而挫折会使男孩感到痛苦和紧张，因此不愿意让男孩遇到太多的挫折。这种想法是错误的。事实上，男孩受点挫折，有利于他们的成长。这段经历有利于培养男孩的良好品德，有利于发展非智力因素，有利于丰富知识，提高能力。所以，家长应正确看待挫折的教育价值，把它看成

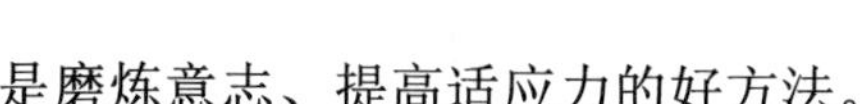

是磨炼意志、提高适应力的好方法。

然而，有的父母会误把挫折教育当做吃苦教育，特意让男孩参加一些以吃苦教育为主的夏令营，或者参加一些探险、到边远穷山村去体验的活动等，这是片面的挫折教育，或只能说是挫折教育的一个方面。

家长让男孩受挫折教育，其目的是让他们在体验中学会面对困难并战胜挫折，培养孩子的耐挫折能力。它涉及到各个方面，不仅包括吃苦教育、生存教育、社会教育、心理教育，也包括独立、勇气、意志及心理承受力等方面的培养。因此，挫折教育的内容是多方面的，它的目的不只是让孩子吃点苦、受点挫折，而是时时地、潜移默化地从各方面着手培养孩子的抗挫折能力和耐挫折能力。

为了让挫折教育起到更佳的目的，父母还可以将现实中自己所遇到的事业和家庭生活中的不如意告诉男孩，让他对挫折能够全面认识，为他今后正确对待各种不如意树立榜样。在这种情况下，父母对生活的热爱、执着、不怕困难的态度和坚强的意志，会在男孩幼小的心灵上树立榜样，成为他们今后面对挫折的最强有力的精神支柱。

10. 脆弱的男孩少有出息，要正确面对压力

现代社会，科技在飞速发展，社会在不断进步。然而，随着社会压力的与日俱增，自杀现象已经成为一种严重的社会问题，亟须引起全社会的充分重视。其中，青少年群体已经成为自杀的高危人群，他们的心理承受能力急需提高。

心理承受能力，指的是一个人面对现实中的困难时心情从郁闷恢复到正常的心理素质。它对社会中的所有人都是非常重要的。作为男孩，当他步入社会，会面临各种压力。这种压力既会来自家庭，也会来自社会。比如有的学生考试不理想，有的和同学关系处理不好等等。

只要活在世上，男孩就会遇上各种各样的挫折与困难。面对人生的压力、困难和挫折，有的人勇于面对，敢于承受，以乐观的心情去战胜它，而有的人却害怕困难，悲观失望，想方设法逃避挫折。很多男孩在现实中遇到迷茫，不知何去何从，他们所需要的是父母的理解、朋友的开导。当他们没有将自己心中的苦闷讲给他人，将其释放出来，久而久之，这些苦闷形成强大的精神压力，让自己喘不过气来。

如何着力研究提高男孩的心理健康水平、提高男孩的心理承受能力，是面临的一项艰巨任务。由于男孩面对的压力大，他们在学校和家庭都缺乏必要的挫折教育和心理素质教育，造成了他们的心理素质

不高，面对压力缺乏相应的应对能力。提高男孩自身的心理素质和自控能力是十分棘手的，而且是十分重要的。

普希金是俄国著名的文学家和诗人，是现代俄国文学的创始人。他所生活的年代正处于沙皇黑暗的统治之下，当时俄国革命正在如火如荼地进行。由于普希金倾向革命，因此他受到了统治者的迫害，曾先后两次被沙皇流放。面对沙皇的种种刁难，普希金并不屈服，他用自己的作品来表达对沙皇的不满以及对生活的热爱。

普希金的经典诗篇《假如生活欺骗了你》便是那段时期的作品。当时作者正被流放，过着与世隔绝的生活。“假如生活欺骗了你，不要悲伤，不要心急！忧郁的日子里须要镇静：相信吧！快乐的日子将会来临。心永远向往着未来；现在却常是忧郁：一切都是瞬息，一切都会将过去；而那过去了的，就会成为亲切的怀念。”

多少年来，这首诗成为激励后人战胜困难的座右铭。这首诗写于普希金流放的日子里，在这样的处境下，诗人仍没有丧失希望与斗志，他热爱生活，执著地追求理想，相信光明必来，正义必胜。诗中阐明了这样一种积极乐观的人生态度：当生活欺骗了你时，不要悲伤，不要心急；在苦恼之时要善于忍耐，一切都会过去，未来是幸福、美好的。生活中不可能没有痛苦与悲伤，欢乐不会永远被忧伤所掩盖，快乐的日子终会到来。第二节，诗人表达了心儿永远向着未来的积极人生态度，并告诉人们，当越过艰难困苦之后再回首那段往事时，那过去的一切便会变得美好起来。这是诗人人生经验的总结，也是生活的真谛。

普希金的经历说明一个人在困难面前豁达乐观，就会缓解压力，男孩也应如此。如果男孩以前比较健谈，突然变得沉默起来，那可能遇到了问题，父母应该及时给予帮助。这时候，父母要认真和男孩交谈，解开他们心中的疙瘩，并适时作出一些“承诺”，消除男孩心中的顾虑。然后，父母要鼓励男孩坚强自信地面对问题。

除此之外，父母也可以通过自己的事例，让孩子懂得压力人人都会有，父母也会遇到麻烦、产生心理压力，并告诉男孩自己在遇到麻烦、产生心理压力时是怎样应对困难、克服压力的，给孩子树立一个实际的榜样，以增强孩子的勇气和信心。这样，男孩往往比较容易听进去，并从父母的事例中学习经验，化解压力。

11. 男孩要有耐心，成功不是一蹴而就的事

男孩学习时耐心认真，才会在办事时按部就班，遵循规律，不急于求成，不好高骛远。只有这样，他的人生才会马到成功。

齐白石是中国近代画坛赫赫有名的人物。他的业余爱好非常广泛，除了擅长书画，他还对篆刻有极高的造诣。他之所以能够把篆刻艺术练就到出神入化的境界，和他年轻时刻苦的磨炼和不懈的努力是分不开的。

齐白石年轻时开始对篆刻感兴趣，然而他的篆刻技术却总是不尽如人意。于是他求教于一位老篆刻艺人，老篆刻家对他说：“你去挑一担础石回家，要刻了磨，磨了刻，等到这一担石头都变成了泥浆，那时你的印就刻好了。”

因此，齐白石挑了一担础石。他按照老篆刻师的叮嘱一边刻，一边磨，一边拿古代篆刻艺术品来对照琢磨。经过夜以继日的训练，他

的手上不知起了多少个血泡。可是不论如何辛苦，他都顽强地坚持了下来。日复一日，年复一年，础石越来越少，地上淤积的泥浆越来越厚，齐白石的篆刻技术也进步飞速。最后，一担础石终于统统都被“化石为泥”了。

通过这段时间的磨练，齐白石不仅磨砺了自己的意志，更重要的是他的篆刻艺术在磨炼中不断长进。因此，做任何事情千万不能急于求成，急功近利，要耐心认真，到时便会水到渠成，马到成功。任何事情不管大小，只要耐心和细心，就一定会取得成功。

在一个人的成功因素中，耐心一直被认为是衡量心理素质的重要标准。对于男孩，培养他们的耐心不仅会有利于他们的学习，还会对他们今后的人生道路产生重要的影响。很多时候，男孩比较容易急躁，不会耐心、静下心来办事。他们只要想到或者听到，便要求立刻兑现，否则便不停地纠缠、吵闹，直到父母满足他们的要求为止。这也是众多父母教育子女的过程中比较烦恼的事情之一。

当男孩犯错时，家长要耐心开导，让他知道自己的错误所在。如果家长不分青红皂白地打骂孩子一遍，不仅不会让男孩心服口服，还会让他对父母心生不满，产生敌意。

在日常生活中，父母就应该让男孩懂得，凡事必须有耐心，耐心是成功的秘诀。没有了耐心，一切事情都只能是“镜中花，水中月”。

生物学家童第周上学期间成绩并不优秀，刚刚入学时他只是全班倒数第一，可是在父亲的教育下，他从小就明白耐心的重要性。父亲为了勉励他，还特意给他题了“滴水穿石”的条幅，告诫他世界上没有穿不透的顽石，只有没有耐心的人。经过一段时间的努力，童第周的成绩突飞猛进，竟然获得了全班第一。

因此，男孩在学习的过程中，耐心是第一位的。只要有耐心他才会静下心来，全神贯注地去做好自己身边的每一件事情。

其实，男孩的耐心并不是与生俱来的，它同样需要后天的培养。

如果男孩一直哭闹强迫父母满足他的要求，父母一定要沉得住气，对孩子进行耐心训练。很多时候，男孩没有耐心，与家长也有一定的关系。因为他们办事经常虎头蛇尾，半途而废。所以，要想让孩子有耐心，父母自己首先应该耐心做好每一件事情，为男孩树立榜样。

当父母要求男孩做一件事情之前，应该和男孩商量好，要求男孩一定要耐心地把它做完。如果不能按时完成，一定要在做完后再去做其他事情。这样的话，在无形之中男孩就会有自我安排，按照一定的计划去办事。他就会静下心来，耐心地把事情做完。

12. 男孩需要父爱，父亲责无旁贷

人们常讲“父爱如山”。父亲对男孩一生的影响是深远的，作为父亲，一定要多找机会来和男孩接触。

英国诗人乔治格尔贝曾经说过：“一个父亲胜于一百个教师。”由此可见，父爱对于一个男孩的成长是十分重要的。然而，在现实中，由于父亲忙于工作，他们对男孩的关爱极少。男孩大多数都是在母亲的全力照顾下长大的，缺乏父爱成为男孩们的普遍问题。这会严重影响他们的身心发展，会给他们的成长带来难以弥补而深远的影响。有人认为，让男孩和一个合适的男人在一起，男孩就永远不会走上邪路。

调查表明，不少未成年男孩出现犯罪的倾向，与他们缺少父爱有关。如果男孩在小时候得不到父亲的帮助，他的成长就会受到限制，情绪会变得激烈，缺乏自我控制，长大后有出现较多过失行为和反社会行为的倾向。如果男孩从小便能得到足够的父爱，与父亲保持亲密的关系，男孩就会茁壮成长。

林则徐是中国近代史上的民族英雄，他最终能够成为“开眼看世界的第一人”，与他幼时父亲对他的影响是分不开的。他幼年时家境贫寒，过着贫苦的日子。他的父亲林宾日是位穷秀才，靠教书来维持家用，聊以度日。尽管家庭条件不好，但是父亲十分注重对儿子的启蒙教育。父亲从小便经常把儿子抱在膝上，教他读书。即使在寒风刺骨的隆冬夜晚，在简陋的小屋里，父亲亲自点一盏油灯，教诵儿子读诗书。

有一天，林则徐正在用功读书，抬头看见母亲做女红扎了手，便放下书本对母亲说：“您教我做女红吧，我也为家里挣点钱。”母亲听后，被儿子的孝心感动，她告诉儿子：“好男儿应该有远大的志向。这并不是你要做的事！”父亲正好走过来，拿着手中的《宋时·李纲传》说：“做一个好男儿，就得努力读书，向书中的好人学习，比如像这位李纲，说来也是我们的同乡。如果你能像他一样精忠报国，我们就很高兴了。”

有人做过相关调查，通过对社会上有所成就和毫无成就的人调查发现，一个男孩能否取得重要成就，与父子关系有着很大的联系。但凡有成就者与父亲的关系一直很亲密，而那些成就较低者则与父亲的关系较疏远。一旦父亲的作用被削弱、抵消，男孩的独立就会成为问题，影响男孩一生的发展。

心理学家格塞尔指出“失去父爱是人类感情发展的一个缺陷和不平衡。”父爱犹如一本书，它需要男孩一辈子慢慢品读，它会延续影响孩子的一生。为了满足男孩对父爱的需求，父亲应该多抽出时间来陪自己的儿子。一项研究表明，如果父亲能够每天花两个小时以上的时间来陪男孩，那么男孩的智商会变得更高，长大后他的所作所为更像男子汉。所以，父亲在繁忙之余，应该多陪陪男孩，随时注意接近男孩，和他多沟通，多交流。有时间的话，父亲可以和男孩一起看电视，给他讲解电视的内容；有条件的话，父亲可以带着男孩外出旅行，让男孩有机会接触大自然，拜访名胜古迹，了解历史。

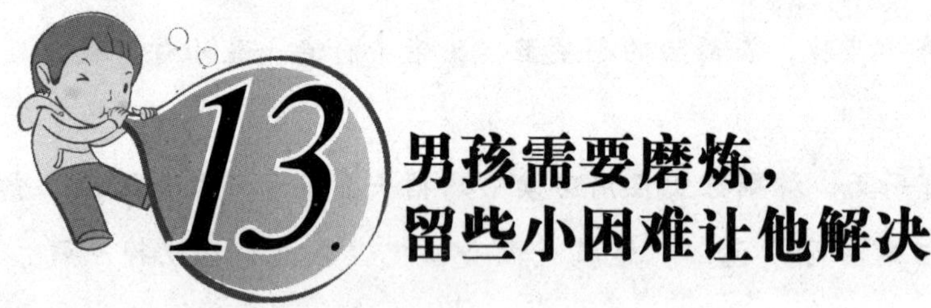

13. 男孩需要磨炼，留些小困难让他解决

逆境有利于男孩的成长，它将会让他们学会冷静面对客观现实。因此，家长要为男孩制造一点生活中和学习中的困难，让他们经受风雨的洗礼。

小浩从小待人有礼貌，学习成绩也名列前茅，所以他经常受到老师、父母和邻居的夸奖。不过，他的父母觉得孩子一直在一帆风顺中健康成长，长期这样会形成一种孤高自傲的感觉。所以，父母便设置了一些小困难来锻炼小浩。

有一天，妈妈特意带小浩到同事家去玩。同事家的孩子亮亮比小浩大点，比他更懂事，妈妈希望小浩从小就知道人外有人，不要太骄傲。

两个孩子见面后，刚开始还有点陌生，不久他们便玩得十分投缘。可是再过一会儿，小浩显得有些不高兴。原来，小浩和亮亮玩智力游戏时老是输。

尽管亮亮热情邀请小浩再玩，但是，小浩觉得自己丢面子，坚决要求妈妈带他回家。回到家后，妈妈对小浩说："妈妈知道你不高兴，是不是因为玩游戏总是输？"

小浩瞥了妈妈一眼，一言不发，显得一脸的不高兴。

妈妈说："你知道吗？亮亮也是一个聪明的孩子，他比你大一岁，所以你要向他学习。"小浩听后点了点头，表示认可。

"亮亮是个优秀的孩子，可是他从来不向别人炫耀，总是努力地学习。"妈妈微笑着对小浩说，"你也一样，十分优秀，不过学无止境，不要骄傲哦！"自此以后，小浩不再像以前那样经常炫耀自己，而是默默努力。

小浩的母亲可谓用心良苦，他通过现实中为了使孩子能够健康成长，能有良好的个性而巧设障碍，这对孩子是非常有好处的。

每个人都会经常遇到困难与挫折，成长中的孩子难免会遇到坎坷和阻碍。

如果孩子走惯了平坦路，听惯了顺耳话，做惯了顺心事，那么，当他们遇到困难，就会束手无策，心理承受能力就会很低，将来就会难以接受更大的打击。

所以，父母不妨在平时的生活和学习中，有意识地设置一些困难和障碍，以此来培养孩子的耐挫能力。比如，外出游玩时与幼小的男孩一起去爬山。

由于山路崎岖不平，对于孩子而言非常难走。这时父母应让孩子自己跌跌撞撞地往前走。

即使看到孩子摔倒在地，也不要立刻把他扶起来，而是要鼓励他说："摔倒了，勇敢的孩子要自己站起来哦！"

父母在制造小困难的过程中，应有一定的目的性。因为设置困难会产生正反两方面的效应，如果运用得不好，反而会使孩子受伤，抑制他的积极行为。

一般而言，设置困难的对象应是经常受到表扬的孩子。由于他们的生活总是一帆风顺，所以要给他们增加一些挫折。对于一些现实中受挫较多、性格内向而又脆弱的孩子，采用这种方法是错误的。

另外，设置困难时要有一定的过程，要具有渐进性。障碍应由少逐渐增多，由小到大，千万不可一开始就给孩子一个下马威，打击孩子的自信心。同时，还要与表扬相结合。

当孩子战胜挫折时，父母要给予及时的鼓励，强化孩子积极的行为，增强孩子的自信心和战胜困难的勇气。

第二章

做男孩的好榜样，培养出优秀品质

优秀的品质，对男孩的一生都有着重要的影响。有了优秀品质，再加上一定的才华，男孩就是当之无愧的德才兼备的社会人才，自然会有广阔的发展平台。在培养男孩优秀品质的时候，家长一定要起到榜样的作用，在各个方面好好引导。

1. 父母要以身作则，做男孩最好的榜样

父母是男孩一生最好的榜样，应注意自己的言行举止，注意自己的个人形象。既然有望子成龙的念想，就不要成为孩子的反面教材。

在北大，很多人都知道“林氏三兄弟”。老大林国基是北大国际政治系的博士，老二林国华从北大中文系研究院毕业后考入美国哈佛大学哲学系读博士，老三林国荣曾在北大经济系读研究生，毕业后要攻读清华大学的博士。一家三兄弟都在北京大学读书，而且成绩斐然，这在北大历史上是前所未有的。

林氏三兄弟的家在河南一个偏僻的小山村。一家能出现三个大学生就已经很不容易了，尤其是他们毕业于莘莘学子梦寐以求的北京大学，而且都是博士生，这就显得更加不易。他们兄弟斐然成绩的取得，离不开父母林修德与黄兆安的教育。父母在逆境中抚养三儿子成才的事情已经成为一段佳话，在当地流传。

为了把三个孩子培养成材，林修德夫妇献出了他们的全部心血。不过让他们欣慰的是，三个孩子都非常懂事，他们不仅以优异的成绩来报答，还想尽一切办法减轻父母的负担，为父母分忧。

很多家长都希望自己的子女能够成为大学生、研究生，尽管他们想尽一切办法来为子女提供优越的条件，但是子女却未能如愿。林氏夫妇教育子女的可贵之处，在于他们用自己的好学来影响儿

子。尽管家里十分贫穷，但是买书是家里必须做的事情。多少年来，他们家里都坚持订阅文学杂志，买世界名著，让儿子博览群书，增强文学素养。为了给儿子塑造良好的学习氛围，林氏夫妇晚上挑灯读书，为儿子创造良好的读书氛围。在家里一贫如洗的墙壁上，到处贴满了做人做事的名言警句。三个儿子就是在这样的氛围中成长，这对于他们文学修养的形成以及人格魅力的提升都产生了深远的影响。

哲学家卢梭讲过这样一段话："对一个人的教育，在他一生下来就开始了。他虽然还不会说，不会听，但已经在学习了，经验先于教学。父母指引的航向，往往会在相当程度上决定着孩子生命的航船驶向何方。"林氏三兄弟的父母便是从孩子出生的第一天起，就对他们寄予厚望，希望他们能够出人头地。为了教育子女，他们以身作则，言传身教，在困苦中自强不息，在艰难中迎难而上。他们用自己的实践为儿子上了一堂活生生的课，他们是儿子一生的领路人！

2 潜移默化作用大，长期给男孩做榜样

榜样的力量是无穷的。家长应该成为孩子的好榜样。只要父母作出榜样，孩子就会纷纷模仿。因此，父母要以身作则，通过自己的言行来对孩子起示范作用，在家庭中营造爱的氛围，感染孩子的心灵。

电视上有这样一个公益广告给许多观众留下了深刻的印象。一个小男孩看见妈妈正在俯下身子给奶奶洗脚，也赶紧端了一盆水，对妈妈讲："妈妈，洗脚。"妈妈的脸上露出了会心的微笑。这个广告意在启发人们：父母是孩子的最好榜样。

"言传不如身教"，家长的榜样作用对男孩的成长是十分重要的，父母的言行举止、思想观念以及文化修养等，无时无刻不潜移默化地影响着孩子。众所周知，模仿是孩子的天性。如果父母讲话文明，尊敬他人，孩子也会像他们一样。相反，如果父母的一些坏习惯、不文明语言，甚至不良行为都可能被孩子效仿。所以，父母要想培养出好孩子，自己首先就要以身作则，严于律己。只有这样，家长才能为孩子树立良好的形象，培养出具有良好道德品质、良好行为习惯和良好个性的孩子。

家长的示范作用是全方位的，应该成为孩子高尚精神的榜样，多种能力的榜样，健康身心的榜样。只要父母作出榜样，孩子就会纷纷

模仿。因此，父母要以身作则，通过自己的言行来对孩子起示范作用，在家庭中营造爱的氛围，感染孩子的心灵。

有一回，著名的社会生物学家威尔逊在野外考察，无意之中他发现了这样一个有趣而又让人感动的现象：当一只雌性的成年斑鸠眼睁睁地看着一只狼或者其他食肉动物接近它的孩子时，它急中生智，假装受伤，一瘸一拐地逃出穴窝。这时，食肉动物便会放弃攻击小斑鸠转而攻击成年斑鸠，希望能够捕食这只“受伤”的猎物。一旦这只成年斑鸠把这只食肉动物引到一个远离穴窝的地方时，它就会振翅飞走。成年斑鸠就是利用这种富有爱心的举动来保护幼小的斑鸠，使它们能够繁殖后代。更让人感动的是，当小斑鸠长大后，它们会效仿当年成年斑鸠的做法，繁衍后代。

父母应该在家中营造一种爱学习、求上进的气氛，带头严于律己，做好自己的榜样作用。一般情况下，男孩会比较喜欢有文化、有教养、好学上进、作风民主、举止文明的家长。家长应率先热爱学习，形成家风，以自己的言行熏陶子女，坚决杜绝经常约些朋友晚上打牌、闲聊、外出跳舞等。

如果有空闲时间，家长应该多向孩子讲述自己小时候在学校的趣事，向孩子多传达一些自己对学校美好的向往、美好的记忆的信息，努力培养孩子对学校的情感。在日常生活中，许多人对幼儿园的孩子问完年龄后总爱说“还有一（或二）年的快乐时间，明（或后）年就要被上套了”之类的话，其实他们本来是想告诉孩子好好珍惜幼儿园的时光，学会玩、充分地玩，没成想，借踩小学一脚抬高幼儿园的话语就等于告诉孩子：学校生活是痛苦的潜台词，在孩子幼小的心灵中留下了阴影，这种负面的信息会影响到孩子对学校的期望。

无论家庭经济状况、住房状况如何，家长一定要给孩子提供一个固定的学习地点。孩子在学校里有固定的座位，在座位上的任务就是学习；在家里，孩子也应当有个固定的学习地方，每当孩子在习惯的地方坐下来，便条件反射般地想到学习。

另外，家长要注意，用完东西后要放回原处，起到榜样作用，这不仅会使学习环境保持整洁而有条理，而且可以节省寻找学习用品的时间。如果经济条件允许，可根据孩子的兴趣订阅一些报刊杂志，茶余饭后自己带头翻看翻看，一方面拓宽知识面以便有与孩子交流的背景知识，另一方面可以以书中的某些内容为话题，与孩子进行讨论与交流，这样做孩子的榜样，促进孩子学习，促进亲子情感交流。

3. 重视榜样的力量，给男孩找个学习对象

男孩不应过于追捧当红明星，而应树立值得自己真正学习的榜样，让自己在父母的引导下不断努力，为人生大厦的建成奠定基础。

扬扬不知从何时开始，迷恋上了“林静茹”，成了一个十足的“追星族”。他的脑海中整天惦记的都是关于林静茹的最新歌曲以及她最近的活动。要是别人问起关于林静茹的消息，他总是侃侃而谈，头头是道。他把自己的零花钱大多用来购买林静茹的照片、海报、唱片等，他的房间内贴满了林静茹的招贴画。这让他的父母不禁为他的学习担心，害怕他因此而耽误学习。

追星是当今青少年的共同爱好，他们对自己喜欢的明星崇拜得往往是五体投地。对于青春期的孩子而言，对已经功成名就的明星产生

崇拜之情是十分正常的，这是自我意识完善的表现。但是由于他们知识不足，经验欠缺，对人生的认识不够深刻，他们很容易盲目崇拜，被明星的表面炒作所迷惑。这不仅会影响他们的学习，还会对他们的人生观、价值观产生不利的影响。这时父母应加以正确指引，不要让男孩误入歧途，应把他们的偶像崇拜指引到人生正确的方向上。

对于男孩而言，伟大的人物才是他们真正值得学习的榜样，是他们学习生活中各个方面的优秀典范。他们应在自己的学习和生活中，将自己与心目中的榜样对比，希望自己将来也能成为这样的人。父母可以针对男孩的崇拜心理，让男孩自己选择一个优秀人物，让他通过榜样的作用来不断提高自己。

苏轼是北宋的大文学家，他的母亲曾以东汉贤士范滂为榜样激励他，他也正是在母亲的影响下不断努力才有所成就的。在他10岁那年，父亲苏洵到京师参加科举考试，母亲程氏在家教苏轼阅读古今名著。有一天，母亲正在给苏轼讲《范滂传》，母亲被范滂的人格魅力所感动，感慨万千地讲解这篇传记，在苏轼面前极力赞扬范滂的为人。

范滂是东汉后期人，清正廉明，性格耿直，一直与贪官污吏作对。这让他得罪了不少坏人，他们对他进行诬陷，朝廷下令逮捕了他。为了不连累自己的母亲，范滂义无反顾，毫不畏惧前去投案。在他临行前，母亲坚定地对他说：“你是与其他正直的名士一起，为正义而死，那是值得的！”

苏轼了解范滂的事迹后十分感动，他立志要以范滂为榜样，做一个顶天立地的正直的人。苏母勉励苏轼向范滂学习，深刻影响了苏轼的一生。当成年后，苏轼在文坛上已经是一个才华出众的大家；在官场上，他正直清廉，刚正不阿。他在徐州任上，面对黄河决口、水涌城下，亲自拄着竹竿涉水来到兵营，动员兵士们全力筑堤保护百姓，让无数得救的人们心存感激。他在杭州任上，大力提倡兴修水利，让当地百姓赞不绝口。他所做的这些事，和当年苏母以范滂为榜样的教诲不无关系。

现代很多父母十分重视采用“榜样教子法”。我国老一辈革命教育家吴玉章回忆家庭教育时说道：“在我懂事的时候，父亲教育我要做一个顶天立地的人。祖母常说：‘小时偷针，大时偷金，不义之财宁可饿死也不接受。’并经常教育我做事要有始有终。一有空，长辈就讲岳飞、文天祥的故事给我听。少年时期，家庭教育是‘富贵不能淫，贫贱不能移，威武不能屈’。这些教育对我后来参加革命活动，培养我的民族气节和革命气节，对我生活习惯和作风的培养，都有积极的作用。”

作为父母，要想让男孩十分出色，就应该给孩子树立一个优秀的榜样，让他通过别人的经历吸取优点，学习长处，激励男孩不断进步。这所起的作用要比给孩子讲空洞无味的大道理强得多。除了名人奋斗故事外，父母还可以介绍身边人的故事，让男孩能够有机会亲身感受他人的品质和精神，从中汲取奋斗的养分。

4. 不摆长辈架子，做男孩的良师益友

不少父母总是觉得自己高高在上，喜欢板起面孔说教，其实这样是不好的，这样很难与孩子沟通。如果父母放下居高临下的架子，和孩子平等相处，孩子也愿意向父母吐露心声，从和父母作对变为愉快合作。

男孩的日趋早熟，会让父母觉得自己与孩子之间的隔阂日益明显。有的男孩在家中待一天，连一句话都不和父母讲。在父母眼中，他永远是难以接近的；有的家庭中，父母特别是父亲不能公正地对待子女，与子女的关系形同陌路。这主要是因为父母与孩子之间不能理解与沟通。

在孩子眼中，父母永远是高高在上的统治者；在父母眼中，孩子永远是稚气未脱的毛孩子。父母总喜欢将自己的想法强加给孩子，而不管他是否理解，是否心悦诚服地接受，这样不平等的教育方法只会让孩子反感。孩子不管年龄大小，他们也有自尊心，希望父母做自己的知心朋友，而不只是长辈，更不希望父母摆出一副长者姿态动辄训人。

为人父母须摆脱传统的教子观念，不要用居高临下的姿态对待孩子，应该和孩子平等真诚地沟通相处。这样的话，孩子才愿意向父母吐露心声，父母与子女之间的关系才会变得融洽。

文瑞的儿子已经满两周岁了，长着一张圆圆的小脸蛋，一双亮晶晶的大眼睛特别可爱，忽闪忽闪似乎会说话。和所有的母亲一样，自从儿子呱呱落地以来，文瑞便在他身上寄托了许多美好的愿望。儿子的每一个进步她都会记在心上。

文瑞是一名幼教工作者，她深知娇纵会给孩子带来不少危害，所以平时对孩子要求十分严格。然而有一件事，让她改变了严格教育的态度。

一天晚上，时钟已经走到了11点半。文瑞劳累了一天，真想好好睡一觉。可儿子还在兴致勃勃地玩。文瑞哄着他："乖，咱们睡觉了。"可是儿子精力正旺盛，他摇了摇头，示意要继续玩。文瑞不由分说将他的衣裤脱掉，塞进被窝，孩子却哭闹着钻出了被窝。文瑞心一软，决定还是再让他玩一会儿。过了半个小时，都已经是深夜了。当文瑞再次让儿子睡觉时，儿子哭闹着示意妈妈把裤子穿好。文瑞忍无可忍，在他的小屁股上"啪、啪"拍了两下。孩子哭得更加委屈，闹个不停。这时文瑞才感觉到虽然孩子还小，还不会说话，但他有自己的思想。

所以，父母不能一再要求孩子按照自己的所愿，压迫他干自己不愿干的事，而应该平等地对待自己的孩子。

男孩的自我控制力较女孩差，需要一个逐渐发展的过程。因此，父母要像老师一样，给男孩加以引导，帮助他逐渐迈向成熟。

5. 勤奋胜过摇钱树，不做懒惰的男孩

勤能补拙是良训，一份辛苦一份才。一个人以勤奋为友，他的一生便会前程似锦；一个人以懒惰为友，那么他一辈子便只能在碌碌无为中度过。因此，男孩应该用勤奋来面对人生路上的艰难险阻，只有这样，他才会有所成就。

有两位年轻人在一家车行上班，由于他们两个人比较投缘，私下便以兄弟相称。在车行里的工作是比较单调的，整天除了修理汽车外几乎没有其他事情。可是勤快的哥哥总觉得自己不能闲着，不是扫地，就是擦玻璃，有时抽出时间帮助别人干活。而弟弟却不以为然，整天一有时间就图享受，总是懒洋洋地躺着。

有一天，有一位老客户来到车行里。他告诉车行里的人，他的汽车出了点毛病，希望让他们修理一下。当时弟弟正好吃完饭，准备休息，根本不干活，于是哥哥走了过去，把原本弟弟应该干的活干了。他给汽车做了全面检查，发现没什么大问题，只是由于长时间没修养导致发生了小毛病，于是对那位客户说："您放心地交给我吧，车子明天一定能修好。"于是客人放心地走了。接下来哥哥便一刻不停忙碌起来，一丝不苟地检查了汽车，修理完毕后，认认真真将汽车擦得一尘不染，干净光亮。

到了第二天，那个客户来取车。当他看见自己的汽车后十分吃惊，连声感谢修车的哥哥。接下来，他对修车的哥哥说：“我是某公司的董事长，见你是一位勤快细致、办事周到的人。眼下我正缺人手，认为你是一个优秀的人，你愿意到我的公司去工作吗？”

从此，哥哥的命运发生了改变，他到了新的公司兢兢业业，很快便成为了公司的部门经理，而懒散的弟弟依旧在车行里做着十分枯燥的工作。

由此可见，勤奋可以给人带来发展的机遇，可以让人创造无数的财富。一个有天赋的人，勤奋会使他不满足现状，再接再厉，不断书写辉煌的业绩；一个才能平平的人选择了勤勉，他也会不断进步，进一步补足自己的缺陷。“好逸恶劳，千金也能吃空；勤劳勇敢，双手抵过千金。”这说明勤奋的美德是永远为时不晚。哥哥正是凭借诚恳和默默无闻赢得了大公司董事长的赏识，获得了进一步出人头地的机会。因此，父母在教育男孩的过程中，一定要让他们意识到勤奋与懒惰所带给人的巨大差别，让他们从小做一名勤快利落的好孩子。

一个人要想成功，不在乎他是否有家财万贯，更关键的是他是否勤奋努力。勤奋是一个人一辈子最重要的财富。爱迪生说过：“在天才和勤奋之间，我毫不迟疑地选择勤奋，它几乎是世界上一切成就的催生婆。”是的，一个人要想有所建树，他就必须用勤奋来迎接一切。再大的困难在勤奋者的眼中也是小菜一碟，不值一提；有了勤奋，一个人在任何艰难险阻面前都会毫无畏惧，勇往直前。男孩将来要成为家里的顶梁柱，勤奋应成为他形影不离的好伙伴。有了勤奋，男孩就会面对难题迎刃而解，在人生的道路上一路顺畅。

由于民间传言，有人曾经在萨文河畔挖掘出黄灿灿的金子，成千上万、四面八方的淘金者集体涌现在萨文河畔，一门心思找金子，想

成为身价百万的富翁。于是，他们不辞辛苦，寻遍整个河床，在河床上挖出很多大坑，每天都幻想着自己的发财梦。最终有一些人十分幸运，找到了自己梦寐以求的金子，然而绝大多数人却是一无所得，两手空空地走了。

彼得·弗雷特也是寻找金子中的一员。几个月以来，他没有找到一点金子，可他并不放弃，继续寻找。弗雷特是最勤劳的一个，每天不到天亮就开始寻找，一直找到太阳落山。他埋头苦干了几个月，直到土地全变成坑坑洼洼，他失望了——他翻遍了整块土地，但连一丁点金子都没看见。

半年过去了，弗雷特连买面包的钱都快没有了，于是他不得不准备离开。然而，就在他即将离去的前一个晚上，下起了倾盆大雨，并且一下就是三天三夜。雨终于停了，弗雷特走出小木屋，发现眼前的土地看上去好像和以前不一样：坑坑洼洼已被大水冲刷平整，松软的土地上长出了一层绿茸茸的小草。

弗雷特忽然意识到了什么，他想："我在这里没找到金子，但这土地很肥沃，是个值得耕耘的好地方。我可以用来种花，然后拿到镇上去卖给那些富人。他们一定会买些花装扮他们华丽的客堂。这样一来我也许会赚许多钱。"

于是，弗雷特留了下来，开始辛勤地培育花苗，将全部的精力放在了花的身上。当其他人都在埋怨这里没有金子的时候，弗雷特总是不为所动，仍然给花苗浇水、松土。不久，田地里长满了美丽娇艳的各色鲜花。他拿到镇上去卖，那些富人一个劲地称赞："噢，多美的花，我们从没见过这么美丽鲜艳的花！"弗雷特很快就卖出了这些花。

得到了第一笔收益，弗雷特用这些钱买了更多的花种，更加辛勤地开始种花儿。5年后，他终于实现了他的梦想，成为了一个富翁。

"劳动的手能够把石头变成金子，不劳动的手能够把金子变成石头。"弗雷特并没有找到金子，但他却通过努力，成为了富翁，从某种意义上说，他是唯一的一个找到真金的人！任何一项成就的取得，都是与勤奋分不开的。勤奋是通往成功的必由之路，也是打开幸运之门的钥匙。

6. 男孩要有爱心，主动帮助他人

助人为乐、关心他人是男孩人生的必备品质，父母要从小培养他们的爱心。

助人为乐是中国千百年来的优秀传统文化。在古代，圣贤之士有很多关于助人为乐的处世格言，如“贵人而贱己，先人而后己”，“趋人之急，甚于己私”等等。两千年前，墨子倡导“摩顶放踵，利天下为之。”意思是说，对别人有利的事，即使从头顶到脚跟都受到损伤，也要干。这便是助人为乐的高尚精神。见人遇到灾难时，要排他人之忧。

我国古代名医华佗行医救人，医术高明，医德高尚。他助人为乐的精神感动了无数人。在当时，医生一般都是要病家寻上门来才给医治，而华佗却经常主动去给病人治病。为减轻病人的痛苦，他经常跋山涉水，餐风宿露，到百里以外去给人医伤治病。

有一次，华佗外出给病人看病。当时天色已晚，他在途中远远瞧见有一个人蹲在路边呻吟，于是就主动走上前去询问。原来路人肚子

突然疼得厉害，什么东西也不想吃。华佗为他诊断后，告诉他：“你肚子里有虫，可向附近小店要三小杯酸醋，喝下去就会好了。”那人按照华佗的办法做了之后，果然肚子不疼了。当他要感谢华佗时，华佗却连名字也没有留下就走了。在华佗短暂的一生中，像这样的事情数不胜数，他抢救的病人也是不计其数。

助人为乐是为人处世的基本道德。当见人遇风险时，要先人后己。《三国志·蜀书》中有句名言：“每有患急，先人后己。”它要求人们临危不惧，见义勇为，这是助人为乐最高思想境界的体现。

《世说新语》讲了这样一个故事：

华歆、王朗二人一起乘船避难。半途遇有一人想要搭乘便船，华歆感到很为难。王朗说：“幸而船上还有空余，为什么不许可呢？我们要多做帮助人的好事才对。”这个人上船后不久，就听到后面杀气四起，原来是盗贼追来了。只见盗贼离船越来越近，在这事态险恶之时，王朗想抛弃后来的这个人，可是华歆说：“我原先之所以犹豫，正是因为考虑到这种情况，既然已经接受他的请托，怎么可以因为形势危急而见死不救呢！”最后，他们救了这个人。

助人为乐，关心他人，不应是轰轰烈烈的大事，而应春风化雨，体现在生活中的细微之处。在日常生活中，当朋友生病时，一句真诚的问候会让他感到莫大的欣喜和安慰；当好友过生日时，一张生日贺卡会带去自己真诚的问候与关爱；当自己犯错时，别人的谅解会让自己受伤的心灵得以抚慰。男孩要处处替别人着想，培养自己的同情心，懂得关爱他人，这才是男子汉的风度所在。

7. 男孩要孝顺，不做没孝心的混小子

孟子曾经说过："老吾老，以及人之老；幼吾幼，以及人之幼。"男孩将来是家庭的顶梁柱，是国家未来的主人。他们要从小懂得孝道，孝敬父母，国家的明天才会有希望。

从前有一个小孩，他经常在一棵大树旁边玩。这棵大树是一棵苹果树，上面长满了许多甜甜的果子。孩子整天围绕在树旁，不是爬到树上摘果子吃，就是在树底下睡觉。有时调皮的孩子还用刀片在树身上乱刻乱划。由于大树非常喜爱这孩子，他从来不抱怨，总是陪着孩子玩。

时光流逝，很快孩子长大了，有很长一段时间没能来看大树，因此大树十分想念他。当孩子再来的时候，已经不再是以前调皮的小孩，而是一个少年了。大树问孩子为什么不跟他玩了，孩子显得有点不耐烦，他告诉大树他已经长大了，不再是当年的小孩了。他现在需要做的是上学念书，需要买许多玩具，还得要交学费。

大树觉得十分内疚，因为他变不出玩具。经过一番考虑，他让孩子把他所有的果子摘完，拿去市场上卖点钱，这样就可以有钱买玩具、交学费了。孩子听后十分高兴，于是摘了所有的果子，欢欢喜喜走了。就这样，孩子每年总是在摘果子的时候匆匆忙忙赶来，因为他

学习紧张，平时根本没有时间来玩。

再过一些年，这孩子已经成为了一个风华正茂的青年。他再来到树下的时候，大树变得更老了。大树问他这么长时间不来，究竟在干什么。孩子告诉大树，他就要成家立业了，可是他连安家的房子都没有。大树听后，让孩子把自己所有的树枝都砍掉，用来盖房子。孩子听后便按照大树的吩咐，砍完大树的树枝，回去盖房成家了。

过了很长时间，孩子回来的时候已经是中年人了，这时大树已经没有果子也没有树枝了。孩子显得有点不高兴，一个人心事重重地徘徊在树下。孩子告诉大树，他现在已经成长，不仅念完书，而且成了家，现在需要做的是做出一番事业。他准备去远方，可是他却没有远航的船。大树听后，告诉孩子，让他把自己的树干砍完，这样就可以做船了。孩子听后很高兴，于是砍了树干，做了一条大船出海去了。

又过了很多年，大树仅仅剩下一个快要枯死的树根了。有一天，孩子回来了。不过这时的孩子已经年过花甲，两鬓已经出现了白发。当他再回到大树旁边的时候，大树觉得十分惭愧，自己连果子都没有了，不能给他吃；连树干也没有了，不能给他爬。孩子听后十分感叹，他告诉大树，自己已经不再是当年意气奋发的小伙子了。他自己也老了，有果子也啃不动了，有树干也不能爬了，这次他从外面回来，就是想找个树根守着歇一歇，就是要和老树说说话。老树听后十分高兴，仿佛又看见孩子小时候的样子了。

以上这个小孩和老树的故事，实际上讲述的便是父母和儿女的一生。父母为了儿女，含辛茹苦，苦心孤诣，操劳一辈子。他们把自己无私的爱全都给了儿女，因此百善孝为先，作为一个男孩，衡量他道德水平的标准，首先是看他是否孝敬自己的父母。

孝敬父母自古以来就是中华民族的传统美德。早在东汉时期，六岁的陆绩跟随父亲陆康去九江拜见袁术。当时袁术拿出橘子招待他们父子，幼年的陆绩趁着大人们谈话时，从橘子里面拿了三个揣在衣襟里。告辞时，陆绩向袁术行跪拜礼，橘子从他的怀里滚了出来。袁术见状，笑着问道："陆郎，你到我家来做客，怎么怀里揣橘子？"陆绩的脸有点红，说道："我只是想带回去送给母亲尝一尝。"袁术听后十分吃惊，让他万万没有想到的是，年龄如此小的孩子竟然时刻想到孝敬母亲。

同样在东汉，孝敬父母的感人事迹还发生在茅容身上。凡是有好吃的他不是自己独享，而是留给母亲。有一天，朋友郭林宗来到茅容家里，两人攀谈到夜晚，于是郭林宗准备在茅家留宿。当晚，茅容杀鸡做菜，起初郭林宗还以为这是招待他的，结果等饭菜准备完毕，他才知道鸡是茅容专门给老母亲做的，招待朋友的却是蔬菜。郭林宗被茅容的孝心所感动，说道："先生，您孝敬母亲的贤德，是我远远不及的！"

孝敬父母，要让男孩将孝心具体落实到行动中去。男孩从小就要学会为父母分忧，替父母做一些力所能及的事情。当父母生病的时候，男孩要懂得给父母端水送药，主动照顾父母；当父母工作劳累的时候，男孩要懂得给父母捶捶背，洗洗脚，让父母缓减一下紧张的身心。

孝敬父母，就要让男孩知道父母为了家庭日夜操劳的不易。很多时候，孩子并不知道父母的工作情况，更不知道父母赚钱的难处。他们往往饭来张口，衣来伸手。自己吃好的，穿好的，觉得这些都是天经地义的事情。其实，家长从小就应该让孩子知道父母的收入情况，让孩子懂得珍惜父母的劳动成果。只有这样，孩子才会从心底深处理解父母，感激父母，才会真正懂得孝敬父母的含义。

8. 家人也要互相尊重，男孩更容易学会尊重

家庭成员之间只有相互尊重，家庭氛围才会和谐友善，成员之间才会相互理解。男孩作为家庭成员之一，只有感受到了尊重，体会到了受尊重的愉快，才能试着去尊重他人。一个男孩如果连家人都不尊重，更谈不上孝顺、感恩了。

尊敬长辈是中华民族的优良美德，也是父母教育男孩的家训之一。在传统教育中，孩子应该天经地义地尊重父母，对父母的要求无条件地服从。在家庭中，很多成员更多在意的是训诫男孩要如何尊重自己，而忽略了他们也要去尊重孩子。

一位知名育儿专家做过一场“关于提高人文素质，关注孩子生存智慧”的报告会，她不断呼吁父母在与孩子的相处中要尊重孩子，不能忽视孩子的要求。尊重孩子，就要像朋友一样和孩子相处，这是专家给父母的一个最好的建议。

父母给了男孩生命，把他们带到世上，给了他们物质基础。但是，当今社会，教育子女成为人们关注度极高的话题，如何提高孩子的生存质量显得尤为重要。要提高孩子的生存智慧，其前提条件便是尊重孩子，给他们一个自由发挥的空间。

东明是一个普通的小男孩，他每天在课后由奶奶陪同去参加书法班。有一天，老师给他和其他小朋友布置了书法作业，他正在认真写着。书法班的教室面积很小，所以空气比较浑浊，噪音也很大。

“你给我出去，滚……”突然一个孩子大声的喊叫打破了噪音不断的教室，所有人的目光都聚集到了发出这声音的小孩身上。原来这声音是东明发出的，他显得很激动，脸上挂着几滴泪珠，一边抹眼泪一边在怒斥旁边的奶奶。面对众多的家长，此时的奶奶显得特别尴尬。奶奶本来是个好性情的人，这时有点生气，逼不得已说了一句：“你为什么不好好写，你看你妈妈来了怎么说你！”

如果父母在场，一定会严厉地批评和教育东明。可是当时是奶奶，她只能抱怨几声。或许平时奶奶对孙子比较溺爱，也可能是奶奶刻意的尊重孩子。东明见奶奶没有应声，原本应该意识到自己的错误，可是他却变本加厉，大声怒斥奶奶。这时其他家长纷纷批评东明的表现，指责东明不尊重奶奶。最后奶奶含泪离去，还是老师出面安慰奶奶在外面等待。不过直到最后，东明还是显出一脸的委屈。

后来经过了解，东明的父母对奶奶并不孝顺，经常斥责。奶奶为家里做任何家务都是天经地义的，哪怕受到儿媳的批评也只能是自己受苦。这让小小的东明看不起奶奶，所以他也像自己的父母那样，会对奶奶大发雷霆。

从这件事情中可以看出，家长与孩子之间要互相尊重。孩子毕竟是未成年人，心智各个方面还不完全成熟，需要父母不断加以引导。家庭成员之间要相互尊重，首先父母就要做出表率，因为孩子的立场与见解往往是跟随父母的。只有父母尊重他人，孩子才会以他们为榜样，懂得尊重他人。

如今是一个多元化的社会，对孩子提出的要求也是非常高，如何培养孩子有一个良好的心理也成了生存智慧的必不可少的前提条件。有一则新闻节目曾经报道，一个小男孩因为父母几句过激的批评而变得精神失常。平时男孩一向很优秀，可是他有一次由于一时的失误考

试没有发挥好，母亲为了激励孩子故意说了几句过分的话，没想到男孩竟然过不了心理关，整日变得精神恍惚，老是怀疑父母不再喜欢自己，同学在嘲笑自己，最后他不得不休学在家。

孩子的心理承受问题应值得十分关注。每年有很多孩子由于心理问题患上疾病，要杜绝此类事情的发生，一方面需要家长在日常生活中有意识的培养孩子的受挫意识，另一方面也需要家长对孩子充分的尊重与理解。

家和万事兴，这是众人所愿。要想实现这个愿望，家庭成员之间就要相互尊重。如果相互之间产生误会或者矛盾，相互之间就要多从对方的角度考虑问题。父母应为男孩做出表率，不要和别人斤斤计较，做一个宽宏大量的人。只有这样，男孩才会从小懂得尊重他人。只有这样，家庭才会和谐美满。

9. 男孩要谦虚，毕竟人生刚起步

男孩应保持谦虚，不能因自己的一点小成绩而沾沾自喜。父母不能总是表扬孩子，而应让孩子通过亲身经历去体验人生中存在的未知世界，让男孩在现实中磨练自己。

科学家爱因斯坦一生勤恳努力，在物理学界取得了辉煌的成就，为后人留下了取之不尽、用之不竭的财富。然而，他在有生之年仍然时时刻刻不忘学习与研究。有人对这很好奇，便向爱因斯坦请教：“您真可谓是物理学界空前绝后的泰斗人物。既然取得了那么多成就，为何还要孜孜不倦地学习？何不舒舒服服地休息呢？”

爱因斯坦思考片刻，他并没有马上回答这个问题。他找来一支笔和一张纸，并在纸上画上一个大圆和一个小圆。他对那位年轻人说：“在目前情况下，在物理学这个领域里可能是我比你懂得略多一些。正如你所知的是这个小圆，我所知的是这个大圆，然而整个物理学知识是无边无际的。对于小圆，它的周长小，即与未知领域的接触面小，感受到自己未知的少；而大圆与外界接触的这一周要长一些，更感到未知的东西多，因此会更加努力地去探索。”年轻人恍然大悟，对这位大师佩服不已。

生命有限，知识无穷，学海无涯。不论哪一门学问，都是无穷无尽的海洋，是无边无际的天空，没有任何一个人能够自以为是，宣称自己已经达到了最高境界。如果他停滞不前，趾高气扬，等待他的便是被别人迎头赶上，被对手淘汰出局。所以，当一个人取得一点小小进步或者成就时，他就应该谦虚谨慎，不应夸夸其谈，孤高自傲。

现实中，由于学习成绩较好或者某方面有特长，一些聪明的男孩经常受到家长和老师的表扬，这会让他们因自己的成绩而沾沾自喜，自以为是，滋长骄傲自满的情绪。他们会因一点小成绩而夸大自己的优点，忽视自己的问题，把别人看得一无是处。盲目的乐观还会使他们听不进别人的善意批评，这会让他们对自己放松要求，时间一长，他们便会因此导致成绩下降。对于这样的孩子，家长应该及时予以纠正，让他们保持谦虚，正确认识问题。

盲目自大、骄傲自满的人犹如井底之蛙，他们生活的视野是十分狭窄的，但是由于他们自以为是，不求进取，结果只会导致他们严重阻碍了自己继续前进的步伐。科学家巴夫给青年人的一封信中

这样写道："切勿让骄傲支配了你们。由于骄傲，你们会在应该统一的场合固执起来。由于骄傲，你们会拒绝有益的劝告和友好的帮助。而且由于骄傲，你们会失掉客观的标准。"因此，男孩必须认识到骄傲的危害。

当男孩产生骄傲的情绪时，父母应该帮助他分析骄傲的根源。通常而言，骄傲是由于他们自己具有某方面的优势或者特长。父母要让他们认识到，自己的优势只不过是被限定在一个很小的范围之内，一旦放到比较大的范围，就会显得不值一提。只有让他们多与一些优秀的人接触，才会让他们觉得"山外青山楼外楼"，自己的成绩还远远不及他人，依旧需要努力。只有自己积极进取，经常看到不足之处，男孩才能不断进步。

一个人到一个博士家做客，那人觉得博士家的孩子非常优秀，便问博士："你的儿子骄傲吧？"博士说："不，我儿子一点也不骄傲。"这时那人一口咬定说："这不可能，像这样优越的条件，你儿子骄傲是很自然的。"于是博士叫来了自己的儿子，让儿子和客人交流。他们谈了很多话，一会儿客人便对男孩完全了解，他对博士说："我实在佩服，你儿子一点儿也不骄傲。你是怎样教育他的呢？"于是，博士便让儿子把他的教育方法讲给客人听。客人心服口服，觉得博士的教育方式实在不错。那么，博士的教育方法是什么呢？"不管考得怎样，绝不要表扬我儿子。"

博士的儿子擅长数学，因此博士便让客人考考儿子。他们商量妥当后，博士便把特意打发出去的儿子叫进来，考试开始了。客人先从世故人情考起，然后进入学问领域。儿子对每个问题的回答都使客人感到十分满意，最后开始了他所擅长的数学考试。由于孩子擅长数学，所以越考越使客人感到惊异。因为每一题孩子不仅会解出答案，而且还能用两种、三种解法去完成。当客人出了一道难题时，博士有意不让儿子做，他并不是怕儿子做不了那么难的题，而是担心如果儿子真的把那道题做了出来，会由此骄傲起来。客人领会到博士的意图，便让孩子停了下来。他对博士讲道："我实在佩服你的教育方法。这样的教育，不管你儿子有多大的学问也绝不会骄傲。"

10. 男孩要有责任心，以后才能挑大梁

责任心是男孩人格品质中最重要的。有了责任心，他便觉得自己的肩上有了一份义务与担当，他便会主动承受现实中的困难，勇于面对一切。

一位美国男孩在踢足球时，不小心把邻居的玻璃踢碎了，需要赔偿12美元。男孩一时拿不出这么多钱来，只好向自己的父亲求援。父亲得知后，让他对自己的行为负责。可是儿子为难地说："虽然我认错了，可是我没有那么多钱赔人家。"父亲对他讲："我先替你垫付，一年后你必须还给我。"自此以后，男孩开始了艰苦的打工生活。经过一段时间的努力，他终于凑够了12美元，还给了母亲。

以上这个故事的主人公便是美国总统里根。过了许多年后，当他回忆起这件事时，他觉得正是这件事让他懂得了什么叫做责任，让他学会用自己的劳动来承担过失。

还有一位父亲，他的儿子因打架斗殴被公安机关拘留，要罚款

5000元。父亲知道后东拼西凑，终于凑足了钱替儿子赎罪。可是他的儿子依然执迷不悟，不知悔改，继续犯罪，被处以极刑。

里根的父亲让他知道自己的责任，看似不近人情，实则是在给儿子上一堂活生生的人生课。他要让儿子懂得既然自己做错，就要承担责任。后面的这位父亲只是一味对儿子放纵，不让他为自己的过失担责，最终使他误入歧途，毁了自己的一生。由此可见，父母对儿子责任心的培养是十分重要的，它有可能决定男孩一生的命运。

男孩从小就应具备责任心，只有这样，他长大后才会勇于担当自己肩上的担子，做一个对家庭、对社会负责的人。

一位名人外出到瑞士访问。当他住宾馆的时候，他听到隔壁小间里一直有一种奇特的响动。由于这响动时间过长，而且也过于奇特，因此不觉吸引起了他的好奇心。于是，在好奇心的驱使下，他通过小门的缝隙向里探望。这一看使他惊叹不已，原来，小间里一个只有七八岁的小男孩正在修理马桶的冲刷机构。一问才知道，是这个小男孩上完厕所以后，因为冲刷设备出了问题，他没有把脏东西冲下去，因此他就一个人蹲在那里，千方百计地想修复那个冲刷设备，而他的父母、老师当时并不在他的身边。

这件事让人十分感动，一个年仅七八岁的小男孩竟然有如此强烈的责任心，可以说这种责任心已经成为他的一种习惯，然而现实中，很多男孩却缺乏责任心。他们会对自己的错误找各种各样的借口，总想为自己开脱。对于他们而言，培养责任心是至关重要的。

男子汉，大丈夫，就要敢作敢当。作为家长，就要给男孩做楷模，做榜样，通过自己的言行来影响和教育男孩。对于男孩，在家要做力所能及的事情，为父母解忧。如果自己因为一时的过失而犯错，就要对自己的行为负责。

11. 男孩要敢于接受批评，不能由此生恨

对于自己的错误，要勇于承认，敢于接受批评。否则，人会变得骄傲自满，不求进取，导致难以进步。并且，一旦不愿接受批评，在心里就会产生对批评者的敌意，不利于以后的沟通。

有的男孩明明知道自己犯错，但是碍于情面，总是不愿意承认自己的错误。久而久之，他就会变得骄傲自大，而骄傲自满往往也和不能很好处理别人的批评和建议有关。

杰奇是五年级的小学生，他平时非常喜欢学习，成绩在班里一直名列前茅。然而他平时的表现有点自傲，看不起别人。在家里，杰奇认为自己已经是个大人了，对于父母说的话经常不放在心上。在学校里，他也非常清高，不太愿意与成绩不好的同学一起玩，觉得跟他们在一起没什么意思。对于老师，杰奇也不太尊敬，有时甚至认为老师的水平不过如此，只要自己自学便可以学到很多知识。

不过，唯一令杰奇敬重的是他的班主任杨老师。杨老师是一位快退休的语文老师，教学经验十分丰富。平日里他对杰奇十分好，经常给他介绍一些学习方法，讲一些名人的故事。

有一次，杰奇在一篇交给杨老师的周记中发泄了自己对其他同学的不满，表现出自己看不起同学，其中他还提到有一次自己竟然和数

学老师发生争执，原因是数学老师批评他做作业不够仔细。杨老师得知情况后，在杰奇的本子上回复了批语："有人批评你，并不是他看不起你，而是他希望你进步。因为他不批评你，你不会怨恨他，他批评你，你则会怨恨他，而他却选择了批评你，原因就是他希望你进步。杨老师也是这么希望的。"杰奇深受触动，后来，他慢慢改正了自负的毛病。

批评往往直指一个人的缺点，如果一个人能够接受批评，他就能够比较清楚地看到自己的缺点。对于孩子来说，他在自我评论时常会出现偏差，原因是"不识庐山真面目，只缘身在此山中"，若能经常听取别人的意见或建议，就能不断充实和完善自己。

父母教育孩子应该坚持表扬为主，但不妨在表扬之余给他穿插一些建议，让他既听到正面肯定，也听到反面批评。在批评时语气要温和，分析要中肯。如果男孩从小就能适应批评，长大后往往也较能适应社会，其中也包括拥有正确对待来自他人的批评乃至非议的平和心态，以及较强的承受挫折能力。

当父母批评男孩的时候，如果发现男孩觉得批评不符合事实，男孩有委屈的时候，应该允许男孩作出解释。如果由于自己不了解实际情况而误解了男孩的行为，要向男孩及时道歉。孩子虚假地表示接受批评，但心里大感委屈实际上不仅于事无补，还可能引发种种弊端。与此同时，也要让孩子明白：解释的目的并不是推卸本来应负的责任，还应要求孩子保持解释时心平气和、实事求是的态度。

有的男孩面对父母或者老师的意见，他们可以欣然接受，但是当同龄人向他们提出批评时，他们便拒之门外。这时，父母就应该让男孩清楚"三人行，必有我师焉"的道理。只要是有益于自己的，不管是任何人提出的建议，自己都应虚心接受。不能因为对方是自己的同龄人就可以断然拒绝，这是错误的做法。

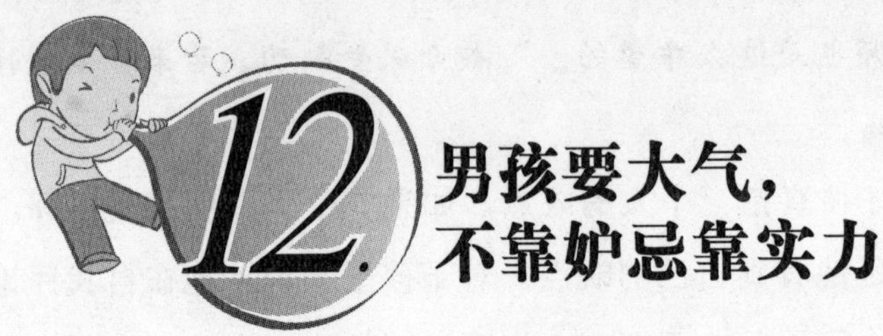

12. 男孩要大气，不靠妒忌靠实力

男孩不能妒忌他人，而应通过别人的进步看到自己的不足，让自己奋发向上，不断纠正自己的不足，逐步完善自己。

当代社会，竞争无处不在。在相互交往和学习生活中，有强便有弱，个别差异明显突出。有的男孩在家庭中过的是“小皇帝”般的生活，是家庭的核心，当他们到了社会，他们在学校就会失去优越的地位，成为大集体的普通一员。有的男孩会对这样的环境产生厌恶，心生反感。这种包含着厌恶与羡慕、恼怒与怨恨、猜疑与失望、自惭与虚荣的感情便是妒忌心理在作怪。

妒忌是对他人在某方面超过自己而引起抵触的消极的情绪体验，也是不甘心自己比不上别人而烦恼的不愉快情感，以及由此所引发的相应行为。妒忌心理是一种于人有害、于己不利的不道德心理。妒忌者常常处心积虑，耗费心机去算计人，消耗了不少才智和精力；妒忌他人的优越性，内心会很痛苦。

男孩产生妒忌心理是很正常的，其原因也是多方面的。从他们的年龄特征来分析，男孩年龄小，知识少，爱表现，认知水平低，然而他们的自控能力又不足。他们希望自己处处比别人强，不希望自己在各个方面都比别人差，希望自己能够得到他人的肯定和表扬。因此，

当看到别的同学得到表扬或超过自己时，男孩的内心就会失衡，但他们又不能理性的对待，不能控制自己的情绪，于是便产生了妒忌。

另外，家长错误的教育方法也是导致男孩产生妒忌心理的“温床”。家长在孩子的学习上过分强调分数，总拿自家的孩子跟别人对比。在这种环境中长大的孩子，当别的同学受到表扬、取得好成绩时，自己往往表现出不屑一顾或不满的态度，严重者一旦发现别人胜过自己，就产生一种失败的埋怨，并伴有攻击性情绪或行为。

男孩正处于长身体与知识的关键时期，而妒忌则是阻碍他们健康成长的绊脚石。妒忌心理会有碍于人际关系的和谐发展。憎恨或怨恨能干的人，必然在言行上有所表现，或要态度，讽刺打击；或制造尴尬，疏远冷淡；或造谣中伤，诋毁对方。所有这些都会严重破坏彼此间的友谊。另外，妒忌心理会直接影响人的情绪，让人的精力分散，学习效率大大降低。

要想避免产生妒忌心理，就必须了解妒忌产生的原因。通常而言，它是源于希望自己超过别人的争强好胜心理。如果在初期缺乏正确的引导，它将会使人走向另一面。如果积极引导，正确对待，则会转变为一种积极向上的动力，也即竞争。

帮助男孩正确认识妒忌心理，是矫正的第一步，只有让男孩认识到妒忌的危害，他才会静下心来去摆正心态。每个人都会有一种渴望成功的愿望，有一种要超过别人的冲动。这种心理如果运用得好，就可以成为鼓励自己前进的驱动力。通过竞争这种积极进取的方法去克服由妒忌而产生的消极心理，让妒忌成为一种强大的动力，激励自身奋起直追，唤起勇于探索和超越自我的力量，使自己有所作为。

13 讲脏话容易闯祸，男孩要懂礼貌

不少男孩天生调皮捣蛋，长大后会学大人讲脏话。这时父母要加以引导，让他杜绝这种不良的习惯，做一名文明礼貌的大男孩。

男孩在成长的过程中，难免有骂人的时候。他们有时是出于儿童的好奇心，有时是发泄一下自己的不满。有的父母会觉得男孩偶尔骂别人几句是非常正常的，所以一直没有放在心上。而有的父母则将男孩骂人视为洪水猛兽，会对男孩进行严厉处罚。父母的以上两种做法都有点过分。对于男孩骂人的行为，父母故意放任自流只会让男孩越陷越深，而过分严厉只能让男孩心生不满。因此，父母对待他们既不能特意放纵，也不可罚之过度，男孩所需要的是家长的正确引导。

男孩浩浩在和邻居家小孩辉辉玩耍的时候，两人发生了小冲突，产生了小矛盾。原来浩浩在搬椅子时一不小心撞到了辉辉，浩浩并没有把这件事放在心上，依旧继续玩耍。让他万万没有想到的是，自己的过失让辉辉十分不满，冲上来对浩浩破口大骂，甚至还差点动起手来。幸亏辉辉的妈妈见到后立马过来加以制止，否则一场小争执在所难免。妈妈实在是觉得辉辉有点过分，不料，在她批评的时候，辉辉气呼呼地说："谁让他碰我了，他碰我我就得骂他！"妈妈很生气，毫不留情地打了儿子一巴掌。儿子根本不服气，一直

哭闹不停。

现实中，有的父母听到自家的男孩说脏话时，不但不制止，反而进行鼓励。这是不可取的。父母的正确做法是告诉他讲脏话是不礼貌的表现，好孩子是从来不讲脏话的。只有让他从小从思想上认识到说脏话是不好的，他才会主动不讲脏话，否则他会觉得很好奇，甚至通过说脏话来故意引逗他人。

父母教育男孩，就要让他从小懂得尊重他人。尊重他人，首先就不能讲脏话，从根本上杜绝骂人的行为。父母还要培养男孩从小谦虚谨慎，不骄傲自满，不以自己的长处比他人的短处。男孩要从小明白“金无足赤，人无完人”，要正确看待他人的缺点，绝不可以把他人的过失或不幸当做自己取乐的来源。同时，父母还要教育男孩在日常生活中尊重他人，上学时主动向老师和同学问好，遇到熟人热情打招呼，请人帮助要先用礼貌称呼，再说明事由，事后要道谢，家中来客人要热情迎送等。

每个人都会和别人有小摩擦与小矛盾。很多时候，男孩出口成章的总是骂人的脏话。因此，父母应让男孩以善良之心处理与他人的摩擦。父母要从小教会男孩宽容待人，以理服人，不要因一些鸡毛蒜皮的小事儿烦恼，与别人斤斤计较。父母要教会男孩用谦让的态度来解决自己的纠纷，千万不能意气用事，把小事放大，最后难以收拾。

如果男孩想要发泄心中的愤怒，父母要教会他们适当的方式。他既可以向父母诉说衷肠，还可以通过写日记来发泄不满。总之，殊途同归，都是让自己烦躁的内心得以平静。

父母应该让孩子对自己骂人的行为进行检讨。每当男孩骂人后，父母要对他严肃批评。当然，批评男孩并不应从身体上去惩罚，而是应该让他从思想深处认识到骂人的后果。骂人只会让别人觉得这个男孩不懂礼数，有的人反而会笑话他的父母，因为“养不教，父之过”。

很多时候，孩子说脏话、骂人是他们模仿成人尤其是父母形成的。所以，在平时父母要加强提高自身修养，严于律己，坚决不说脏话、粗话。男孩要从小以礼待人，对任何人多做沟通，不仅对家人和气，对外人也要友善。

第三章

培养男孩好习惯，让他尽早独立

男孩一定要注意从小培养好习惯，尽早独立起来。这时候父母多操心，以后就能少操心，对孩子对父母都非常有利。

1. 坏习惯很难改好，男孩要从小养成好习惯

习惯决定人的一生。童年是习惯形成的重要时期，家长要让男孩在这段时期养成好习惯，以便他将来有所作为。

培根是英国唯物主义哲学家，是现代实验科学的始祖。他一生成就斐然，功勋卓著。当他回忆自己一生的时候，他这样写道："习惯真是一种顽强而伟大的力量，它可以改变人的一生。因此，人从幼年起就应该通过教育培养一种良好的习惯。"由此可见，男孩将来要获得成功，他从小就应该培养良好的习惯。

在人的一生中，童年是习惯形成的关键时期。孩子犹如一块尚未播种的沃土，播种一种思想，便会收获一种行为；播种一种行为，就会收获一种习惯；播种一种习惯，就会收获一种性格；播种一种性格，就会收获一种命运。因此，男孩只有从小形成良好的习惯，才能挖掘身上的巨大潜力，让自己为社会造福。所以，父母从小就要高度重视男孩习惯的培养。

有一年，众多诺贝尔奖获得者在巴黎聚会。获得诺贝尔奖是许多人梦寐以求的愿望，因此人们对在场的所有诺贝尔奖获得者万分崇敬。其中有一位记者有机会采访其中的一位获奖者，记者问道："您好，请问在您的一生里，最重要的东西是在哪所大学、哪所实验室里

学到的呢？”只见那位诺贝尔奖获得者白发苍苍，但却依然精神矍铄，他平静地回答：“是在幼儿园。”

记者听后感到十分惊奇，他进一步问道：“为什么是在幼儿园呢？您认为您在幼儿园里学到了什么？”他笑了笑，回答道：“在幼儿园里，我学会了很多很多。比如，把自己的东西分一半给小伙伴们；不是自己的东西不要拿；东西要放整齐；饭前要洗手；午饭后要休息；做了错事要表示歉意；学习要多思考，要仔细观察大自然。我认为，我学到的全部东西就是这些。”这位获奖者的一席肺腑之言让在场的所有人都十分感动，他们报以热烈的掌声表示感谢。

事实上，不仅这位获奖者如此，大多数科学家都觉得他们一辈子所学到的最重要的东西就是从幼儿园老师身上学到的良好习惯。

父母要想让男孩从小养成良好的习惯，必须注意以下几点：

（1）父母要从生活中培养男孩的好习惯。俗话讲，留心处处皆学问。教育家陶行知就非常注重生活教育。他倡导教育应当回归到生活，他认为生活即教育，两者密不可分。“生活教育是生活所原有，生活所自营，生活所必需的教育。教育的根本意义是生活之变化，生活无时不变，即生活无时不含有教育的意义。生活教育与生俱来，与生同去。自有人类以来，社会即是学校，生活即是教育。”因此，父母应该为男孩从小营造良好的氛围，在行为、举止、思想上给男孩树立好榜样。如果家长举止文雅，彬彬有礼，男孩从小就会深受影响，长大后成为一名出色的好男儿。

（2）父母要牢牢把握教育的关键时期。相关研究表明，男孩习惯形成的关键时期是儿童时期。更准确点讲，六岁以前是男孩人格塑造的重要时期。在这段时期内，如果他能够形成好习惯，他便会终生受益；如果与之相反，他便会深受其害。对于男孩而言，好习惯要坚持，坏习惯要纠正。只有不断完善自己，让自己养成良好的习惯，男孩将来才会有美好的前途。

（3）男孩要及时纠正自己的不足之处。富兰克林是美国著名的科学家。他一直有这样一个习惯：每天晚上都把一天的情形重新回想一遍。有一回，他发现自己犯了13个严重的错误，其中三项是浪费时间、为小事烦恼、和别人争论冲突。富兰克林经过考虑，觉得自己要想成功，必须纠正这些错误，否则不可能有什么成就。因此，他花了一个星期来改正其中一个缺点，然后把每一天的输赢做成记录。在下星期，他又另外挑出一个坏习惯，尽力克服。在以后的时间里，他每周改掉一个坏习惯，这也使得他成为了美国历史上最受人敬爱也最具影响力的人之一。每个男孩应该像富兰克林那样，检视自己的缺点，并与之进行坚持不懈的搏斗，直至胜利为止！

2. 男孩要多做反省，正确认识自我

男孩要经常自我反省，它犹如自己的一面镜子，可以从中发现自己的过失，让自己不断纠正。有了这种自我反省，便能在以铜、史、人为镜的基础上更加全面地认识自我，从而完善自我。

爱因斯坦是享誉世界的物理学家，他是二十世纪最重要的科学家之一，被公认为是现代物理之父。儿时，爱因斯坦十分贪玩，屡屡犯错。为此母亲对他十分担心，尽管母亲含辛茹苦，嘱咐他刻苦学习，锻炼意志，否则不会有好的将来，但爱因斯坦一直没有将母亲的嘱托

放在心上。他依旧每天和自己的小伙伴在玩耍。到了16岁的时候，父亲的一次教诲让他幡然醒悟，正是这次悔悟改变了他的一生。

有一天清晨，阳光明媚，气候宜人。爱因斯坦准备和自己的伙伴去河边钓鱼，父亲把他拦住，语重心长地给他讲了一个故事："昨天，我和邻居杰克大叔一起去清扫工厂的一个大烟囱。要想走上烟囱，只有踩着里边的钢筋踏梯才能上去。于是我和杰克大叔商量，他走在前面，我跟在后面。我们俩各自抓着扶手，一阶一阶地爬上去。当清扫完毕下来时，杰克大叔依旧走在前面，我还是跟在他的后面。当我们钻出烟囱的时候，我看到杰克大叔的后背和脸上全都被烟囱里的烟灰蹭黑，简直就是演话剧的小丑，十分可笑。"

爱因斯坦听后，脑袋中浮现出杰克大叔满脸脏兮兮的画面，心想当时一定很有趣。父亲停了一下，微笑着说："当我看见杰克大叔的样子时，我觉得自己肯定和他一模一样，脏得不敢见外人。于是我赶紧到附近的小河里去洗脸，而且洗了好几遍。杰克大叔看见我钻出烟囱时干干净净，竟然以为他和我一样干净，于是仅仅洗了洗手就大模大样上街了。结果街上的人看到他满脸黝黑，简直笑破了肚子，有的甚至还以为他是从精神病院跑出来的。而杰克大叔依然被蒙在鼓里，不知是何原因。等到他回到家中照镜子时，才恍然大悟。"

爱因斯坦听完这个故事，不禁哈哈大笑。然而此时，父亲显得十分严肃，对他说："通过这个故事，你要清楚一点：别人谁也不能做你的镜子，只有自己才是自己的镜子。拿别人做镜子，白痴或许会把自己照成天才；天才永远以为自己是白痴。"

爱因斯坦听后如梦初醒，他想到自己以前的所作所为，禁不住满脸愧色。从此他离开了那群顽皮的伙伴们，时时刻刻用自己做镜子来审视自己，反思自己，最终他成就了一番不朽的事业，为人类做出了卓越的贡献。

人生就是这样，唯有自己才是自己的镜子。别人的建议只能是个参照物，只有自己才真正清楚自己的现状。另外，自己不分青红皂白，盲目和别人过分攀比，结果只能让自己陷入失去自我的泥潭，难以自拔。尤其是男孩，将来要做一个顶天立地的男子汉，不能见异思迁，必须要有自己的立场和看法。

有一位男青年，他的愿望是将来能够成就一番事业。为了实现这个目标，他做过许多尝试，但最终都是以失败告终。无数次的失败让他心灰意冷，异常苦恼，于是他找到自己的父亲，向父亲倾诉了自己的苦恼。

他的父亲一辈子以打渔为生，父亲得知儿子的困扰后，意味深长地对儿子说："我先给你讲一个故事。从前有一个年轻的船员，他长得十分英俊，也十分勇敢。因此他想亲自驾船出海，亲身见识一下大海的神秘莫测。然而他的技术很一般，出海经验十分匮乏。其他船员劝告他一定要慎重行事，最好不要贸然出海。但他不顾老船员的劝说，毅然一人独自带上粮食出海，结果他一去无返。原来他在途中遇上风浪，可是他对掌舵并不是十分熟练，所以他最终丧生于海。对于你而言，要想驾驭自己人生的航船，首先要懂得修建好自己的码头。要想在某方面有所建树，就必须先掌握好这方面的知识。只有胸有成竹，未雨绸缪，自己才能万无一失。即使遇上困难也会有权宜之计，否则只能在遭遇磨难时不知所措，满脸茫然。"

男青年听完故事后感触很深，于是不再像以前那样四处尝试，而是静下心来，刻苦读书。通过几年的不懈努力，他考上了名牌大学。他自己又勤奋专研，成为班里的佼佼者。毕业后，他凭借超强的能力找到了一份高薪工作，让其他同学十分羡慕。

男孩要懂得反省自己，及时发现自己的过失与不足，并且加以改正，让自己不断进步。反省既是对自己言行举止的客观认识与评价，又是自我批评的表现形式，是对自我心灵的净化。通过反省，一个人才会提高做事效率，防止再次犯错，同时它还可以提高一个人的自

信，增强战胜困难的决心，让自己今后能够理智地去处理生活、工作中各方面的问题。

反省自己，贵在静下心来扪心自问：自己过去所做的事情有无过失，自己哪些方面需要改进。自我反思，首先要严于律己，敢于承认自己的错误。一个人为了自己所谓的面子不敢承认错误，那么他只会裹足不前，毫无进步。一个人犯错并不可怕，怕的是他不懂自省，屡屡犯错。自我反省，还要对自己进行自我鼓励，达到有效心理暗示的目的。

3. 男孩要把握人生，首先要懂得珍惜时间

莎士比亚说："放弃时间的人，时间也会放弃他。"歌德则说："善于利用时间的人，永远找得到充实的时间。"事实确实如此，良好的时间观念是一个人成功的前提条件之一。其实，许多伟人诸如科学家、发明家、文学家，最成功之处就是运用时间的成功，他们都是运用时间的高手。时间是极其宝贵的，男孩应该抓紧时间，珍惜每分每秒。

从前，一个男孩为一个谜语所困扰："世界上最长而又最短、最快而又最慢、最能分割而又最广大、最不受重视而又最值得惋惜的东西是什么？"他百思不得其解，于是他向自己的母亲请教。母亲告诉他，那是时间。对于等待的人，时间是最慢的；对于快乐的人，时间又是最快的。它可以扩展到无穷大，也可以分割到无穷小。很多人当时不重视，过后才会表示惋惜。

歌德是德国著名的文学家，他一生勤奋写作，作品内容丰富，有剧本、诗歌、小说，有游记，一生留下的作品共有一百四十多部，其中世界文学瑰宝——诗剧《浮士德》，长达12111行。

歌德能取得如此惊人的成绩，源于他一生非常珍惜时间。在他的眼中，时间是自己的最大财产。他在一首诗中这样写道："我的产业多么美，多么广，多么宽！时间是我的财产，我的田地是时间。"歌德是这样说的，也是这样做的。他视时间为生命，从不浪费一分一秒，直到1832年2月20日，这位将近84岁的老人在临死前还伏在桌上专心致志地写作。

法国著名科普作家凡尔纳每天早上5点钟起床，一直伏案写到晚上8点。在这15个小时中，他只在吃饭时休息片刻。当妻子来送饭时，他搓搓酸胀的手，拿起刀叉，很快填饱肚子，抹抹嘴，又拿起了笔。他的妻子关切地说："你写的书已不少了，为什么还抓得那么紧？"凡尔纳笑着说："你记得莎士比亚的名言吗？放弃时间的人，时间也放弃他。哪能不抓紧呢？"在四十多年的写作生涯中，他记了上万册笔记，写了104部科幻小说，共有七八百万字，这是一个多么惊人的数字！一些感到惊异的人就悄悄地询问凡尔纳的妻子，想打听凡尔纳取得如此惊人成就的秘诀。凡尔纳的妻子坦然地说："秘密吗，就是凡尔纳从不放弃时间。"

著名的物理学家爱因斯坦觉得人与人之间的最大区别就在于怎样利用时间。在我们每个人出生时，世界送给我们最好的礼物就是时间。不论对穷人还是富人，这份礼物是如此公平：一天24小时，我们每一个人都用它投资来经营自己的生命。有的人很会经营，一分钟变成两分钟，一小时变成两小时，一天变成两天……他用上天赐予的时间做了很多的事，最终换来了成功。

时间就是金钱，珍惜时间就是珍惜生命。不珍惜时间、无法合理安排时间的孩子往往缺少自我控制的能力，缺乏不断前进的动力。如果父母在早期教育中让孩子养成了良好的时间观念，就等于给了孩子知识、力量、聪明和美好的开端，因为善于利用时间的人将会获得高效率的办事结果，也是最能出成绩的人。

孩子的时间观念并不强，他们往往不能按问题的主次和事情的轻重缓急来安排时间，而是凭自己的兴趣来安排时间，结果不但造成了不必要的时间浪费，而且还会影响处理许多事情。因此，在孩子不善于利用时间时，父母应该运用一定的方法帮助孩子养成合理安排时间的好习惯。培养孩子珍惜时间的好习惯，就要让孩子正确认识时间的价值。

著名的德国无机化学家、诺贝尔奖得主阿道夫·冯·拜尔，在他的自传里曾提到自己小的时候一次难忘的经历。那是在他10岁生日的时候，前一天晚上，他躺在床上高兴地预想着父母一定会送他一份大礼物，并为他热热闹闹地庆祝一番，因为德国人对家人的生日是十分重视的。但是，那天早晨起床以后，父亲还是老样子，一吃完早饭就伏案苦读，母亲则带着他到外婆家消磨了一整天。小拜尔有些不高兴了，细心的母亲发现了，耐心地开导他："在你出生的时候，你爸爸还是个大老粗，所以现在他要和你一样努力读书，参加明天的考试！妈妈不想因为庆祝你的生日而耽误爸爸的学习，妈妈在为明天我们的生活能够丰富多彩而尽心尽力呢。你也要学会珍惜时间学习呀！"这番教诲从此就成为拜尔的座右铭，他认为，"10岁生日时，母亲送给我一份最丰厚的生日礼物！"

让孩子正确认识时间的价值，应该注意以下几点：告诉孩子时间是最宝贵的，不要浪费时间；告诉孩子时间是永不停留的，应该及时抓住时间；告诉孩子时间是神圣的，不要故意浪费时间，否则会受到时间的惩罚。

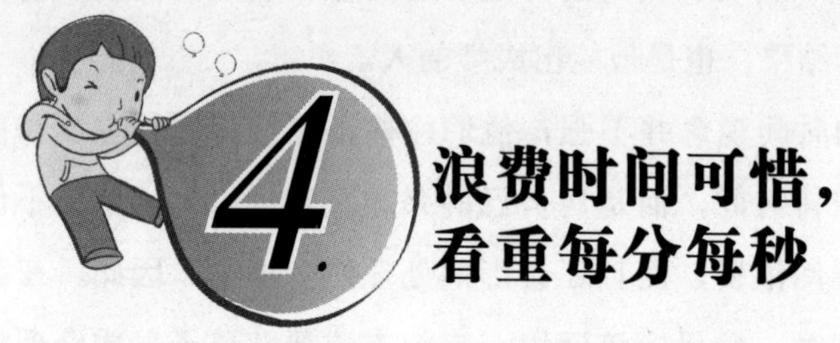

4. 浪费时间可惜，看重每分每秒

男孩应从小学会珍惜时间，统筹安排它们，让自己用较少的时间做较多的事情。

很多男孩贪玩，写作业时太慢，不认真完成作业，浪费了许多宝贵的时间。事实上，孩子的时间被父母安排得满满的，完全没有自己支配的自由。如果这些都是父母强加给孩子的，孩子就会故意消磨时间，办事拖拖拉拉。在这种没完没了的学习过程中，男孩的心态是消极的，既没有目标，也没有兴趣，这会使他心烦意乱、错误百出，时间又拖得很长，结果造成了恶性循环。因此，父母要想让男孩意识到时间的宝贵，就应该给男孩一定的自由支配的时间，不要让他们被紧张的学习所劳累。

为了给男孩提供相对安静的学习环境，父母在家中时不应该有太多的噪声。一般情况下，父母也不要陪读或监督，只需在男孩学习结束后进行检查。检查作业时，首先要看孩子是否按规定的时间完成作业，其次是看孩子完成的作业的质量如何。如果孩子能够在一定的时间内保质保量地完成学习任务，父母就应该及时给予肯定和鼓励，当孩子没有按规定去做时则必须给予应有的惩罚。

珍惜时间，就要把握分分秒秒，注意避免别人的过多干扰。

当年，法国文学家雨果在文坛上崭露头角，众人经常来他家道贺，邀请他赴宴。雨果出于礼节，不好推辞，只得接受。然而，他却因此浪费了许多能够产生创作灵感的时间。为了把握自己，避免干扰，雨果费尽心思，终于想出一个万全之策：他把自己的头发剪去一半，又把胡子剃掉。如果有人来请他赴宴，他便对人说：“你看我的头发多不雅观，很遗憾我不能去了。”邀请者无奈，只好只身返回。当头发长整齐的时候，他已经完成了一部伟大的文学作品。

有的男孩从来不对时间进行管理，即使自己浪费了时间，自己也不是太清楚。因此，为了让男孩合理地利用时间，就得让他学会检查自己的时间运用状况。

苏联的昆虫学家柳比歇夫经过研究，提出了“时间统计法”。自从26岁开始，柳比歇夫便开始把平时的研究、阅读、写作、散步、开会、讲课、说话等各项工作所占用的时间一一记录下来。这个时间统计法他从未间断，一直持续到82岁。每天他都要对自己记录下来的时间进行一次小结，每月他要进行一次大结，每年再进行一次总结。通过总结，柳比歇夫能及时发现自己的时间用到什么地方了。

时间统计的目的，是为了有效利用时间，它帮助柳比歇夫清楚地认识到了自己各项工作的开展情况，使柳比歇夫有充足的时间，一生写出了70多部学术著作以及许多论文。

在日常生活当中，父母可以要求孩子每天把时间运用情况记在日记本上，每月分析时间运用的规律，找出浪费时间的地方，可以帮助孩子减少时间的浪费。

5. 人生需要规划，男孩要学会统筹

男孩做事应学会统筹，分清轻重缓急，把重要的事情先做完。只有这样，他才会合理安排自己的学习，提高学习效率，不断取得进步。

有一次，在一堂关于时间管理的课上，老师先在桌子上放了一个装水的罐子，随后他拿起了桌子下面的一些鹅卵石，一一放进罐子里。

老师问学生：“大家认为这罐子是不是满的？”

“是！”学生几乎异口同声地回答道。

“未必吧。大家往下看。”老师笑着说道。接着他从桌子底下拿出一袋碎石子，把它们倒进了罐口，然后又摇了摇，又加了一些，他再问学生：“现在罐子应该满了吧？”

学生们迟疑未定，用犹豫的眼神望着老师。有一位学生怯生生地细声回答：“我觉得还没满。”老师听后非常高兴，于是他又拿出一袋沙子，慢慢地倒进罐子里。这让在场的学生都傻眼了，倒完后，老师再问班上的学生：“现在你们说这个罐子是满的，还是没满？”所有的学生齐声答道：“没有满。”于是老师从桌底拿出一大瓶水，把水倒进已经装满鹅卵石、小碎石、沙子的罐子里。

最后，老师郑重其事地对同学们讲：“通过上面这个事例，大家

有什么收获？”这时班里一片寂静，有一位学生回答道：“上面的事例说明现实中不管我们多忙，行程排得多满，如果要挤一下的话，还是可以多做些事的。”

老师听到后点了点头，表示满意。他微笑着说：“这位同学回答得很好，不过他还没有说出我想要告诉大家的重要知识。”

说完，老师故意顿住，用眼睛扫描了一下全班的学生，说道：“我想告诉各位，最重要的知识是，如果你不先将大的鹅卵石放进罐子里去，也许以后你永远没机会把它们再放进去了。”

同学们听后恍然大悟，原来老师是在告诉他们凡事都要分清轻重缓急，只有合理安排做事情的顺序，才能有条不紊地进行，才会收到意想不到的效果。

现实生活中，男孩做事情经常是凭着感觉走，根本没有事先考虑哪些事情重要，哪些事情次要，他们是胡子眉毛一起抓，结果重要的事情没做，做的反而是一些不重要的事情。

管理学之父彼得·德鲁克说过这样一句话：“必须分清轻重缓急。最糟糕的是什么事都做，但都只做一点，这必将一事无成。”对于现实中杂乱无章的事情，父母应该告诉男孩按照重要与否来确定处理的先后顺序。接下来要把自己的精力花在大事情上面，剩余的时间再处理小事杂事。只有这样，按照事情的轻重缓急安排好生活中的事情，然后再进行全面的时间管理，所有的事情才会做得游刃有余。

学会分清轻重缓急，看似容易，做起来还是有点难度的。许多男孩人云亦云，见周围的同学有这样那样的东西，做这样那样的事，便也想着和别人一样，样样都做，样样都有，早就将轻重缓急忘得一干二净了。

关于如何才能分清轻重缓急，一位经济学家提出了一个著名的“80/20定律”。这个定律是在讲，在日常生活中，仅仅20%的事情就可以决定80%的成就。因此做事情之前，首先应先辨别哪些是

最重要的20%的事情。一旦分析清楚，接下来便应用80%的时间来安排做这些最重要的事情，最后再用剩下的20%的时间完成其他相对次要的事情。

由于每个人在不同的人生阶段会有不同的事情，如果机械地套用百分比是不可取的。所以，父母要教会男孩根据实际情况来安排事情，将这个定律融会贯通，真正运用到学习和生活当中，这样男孩便可以合理安排自己的时间，做好身边的每一件事情。

很多男孩，从小到大都是由自己的父母或者老师来安排他们的生活，他们往往难以分清自己所做的事情的重要程度，因此当他们面对一大堆事情时，往往会有力不从心的感觉。

事实上，只要能够认清要做的事情与自己的关系，就会把这些事情都处理好。父母可以指导男孩每天将所要做的事情按照重要以及紧迫程度排序，大概可以分为以下几类：

（1）重要而紧迫的事情，如考试、测验；

（2）紧迫但不重要的事情，如完成家庭作业；

（3）重要但不紧迫的事情，如提高阅读能力；

（4）既不重要也不紧迫的事情，如果时间不允许可以不做。

如果男孩可以按照以上的顺序来安排自己的学习和生活，就一定可以把重要的事情都完成，将一切事情做得井井有条。

6 事前做好计划，做事时有条不紊

做事有计划，有助于男孩有条不紊地照料自己的生活，还会辅助自己更好地学习和处理各种事情。做事有计划，不仅可以节省时间，还能避免走弯路。

“一日之计在于晨，一年之计在于春，一生之计在于勤。”通过这句话可以看出，男孩要想有所作为，就必须善于在行动前制定行之有效的工作计划。做事有了计划，事情才会有条不紊地进行，才会水到渠成，直至成功。如果一个人做事没有计划，不注重条理，他无论从事哪一行都不可能取得成绩。在走向成功的道路上，做事没有条理、没有计划的孩子将会比其他人走得更辛苦。

当孩子提出某项请求时，父母可以问孩子：“你的计划呢？”当你的孩子逐步习惯了在行动之前做计划后，他就会养成先计划后办事的好习惯。作为父母，你可以耐心地与孩子讨论他的计划，并使计划趋于可行，那么，孩子也就悄悄地养成了良好的习惯。

孩子还小时，是各种行为习惯形成的关键时期，俗话说“3岁看大”，就反映了这个道理。从小培养孩子做事有计划有条理，对孩子终身的学习、工作、生活都是十分有益的。反之，如果忽视这方面的培养，则是为盲目、紊乱的不良行为开了绿灯，一旦形成习惯则很难纠正。

要让男孩做事有计划，首先要要求男孩做事有条理。在日常生活中，无论做任何事情，男孩都要有条有理，不能杂乱无章。比如，房间摆设要井井有序，用过的东西放回原处，以免需要的时候却找不到；晚上睡觉之前，整理好书包、准备好第二天要穿的衣服等。这些都可以帮助孩子养成做事有条理的好习惯。习惯成自然，要让孩子养成做事有条理的习惯不是一朝一夕的事，这需要家长的耐心和恒心，同时还要善于抓住教育的契机进行适时引导。

另外，男孩做事有计划，父母可以做榜样，向孩子示范自己的计划。每做一件事情时，父母要把自己的计划告诉孩子，有时也可征求孩子的意见。比如周末到了，父母可以这样对孩子说："今天我想好好安排我们的生活，吃完早饭后，我们到公园去看花展，然后回来吃午饭，午饭后你小睡一会儿，一点钟我们去少年宫学画画，三点我带你去海洋馆，回来后，你要写一篇一天的见闻，你觉得这样安排好不好？"

父母还应该向男孩强调计划的重要性，给男孩的各项行为制定一些周密的计划。当计划制定了以后，孩子必须按计划办事，不能半途而废。一个习惯的形成关键在持之以恒，因此应坚持对孩子计划性的要求，并强化这种要求。

7. 男孩要有自制力，不能让他跟着感觉走

能否具有自制力，将会决定一个人一生的成败得失。因此，男孩从小就应该培养良好的自制力，为自己将来人生的成功奠定良基。作为父母，更要注意男孩在自制力方面的培养，不能让他随心所欲，跟着感觉走。

自制力是一个人控制和约束自己情绪的能力。只有增强自制力，才能迫使自己去执行已经采取的决定，战胜对抗的干扰。对于男孩，他们的自制力会比较差，所以从小锻炼他们的自制力会对他们的一生产生重要的影响。

小斌学习成绩在班里名列前茅，老师也非常喜欢他。可是自从他迷上网络游戏之后，他把自己的所有时间都花在了游戏上面，因此他的成绩出现下滑的迹象。爸爸知道后十分生气，不允许他再玩游戏。可是由于自制力极差，他还是经常偷偷去玩游戏。

上了初中后，小斌虽然想与游戏说再见，可是他还是受不了诱惑。长大后，小斌意识到自己不能痴迷下去，否则他的一生将会被葬送。于是，他把自己的苦恼告诉了妈妈。妈妈对他讲："我知道你一定很痛苦，虽然你意识到游戏的危害，但是你却难下决心纠正这个毛病。高尔基说过，哪怕是对自己小小的克制，也会使人变得坚强。所以你应该从小事做起，来锻炼自己的自制力。”小斌听了妈妈的教诲后，决定从小事做起。通过每天不懈的努力，经过一段时间的磨练，小斌的自制力逐渐增强。

自制力是男孩成功的关键，而缺乏自制力是许多男孩的通病。许多男孩容易冲动，缺乏耐性，他们做事往往凭借的是一时兴奋，从来不考虑事情的后果。只有等到严重的后果摆在面前的时候，他们才会恍然醒悟，为自己的鲁莽后悔万分。但是一切都已经太晚，他将会为自己缺乏自制付出惨重的人生代价。当今青少年犯罪率逐年上升，本来花季少年却沦为囚犯，这和他从小缺少自制力不无关系。

龙龙的自制力很差，学习成绩中等偏上，一旦有课余时间便喜欢和网友进行QQ聊天。有一天晚上，他结识了一位网友，一下子把自己的时间全部投入到了网吧。他和这位网友聊得很投机，天南海北无话不谈。可是由于他缺乏自制力，忽视了学业，成为了全班唯一的一名挂科的学生。

培养男孩的自制力，主要是让他们养成良好的生活习惯，比如准时起床、按时吃饭、按时做作业等等。只有从生活中的小事做起，才会让男孩逐渐清楚自己所应做到的事，只有这样，他们才会辨别是非，做对自己有益的事情。

8. 男孩要懂克制，调整消极情绪

任何人都会有情绪失落的时候，男孩也不例外。父母应该从小教会男孩调整消极情绪，学会自我控制。

男孩难免会有情绪不稳定的时候，这时他们要学会调整，控制自己的情绪。父母应该鼓励他把不高兴、不愉快的事件说出来，保持乐观情绪，只有这样，男孩才会走出心灵的阴霾，保持良好的情绪。

成亮是一个脾气暴躁的男孩，任何事情只要不顺他的心意，他便会大发雷霆。为了纠正他易怒的情绪，让他学会控制，他的父亲想出了一个办法。有一天，父亲把成亮叫到一面墙壁面前，对他说："孩子，爸爸知道你脾气不太好，这也不是你希望的。但是，脾气不好会影响到别人。这样吧，从今天开始，你感到自己要发火的时候，就在这面墙壁上贴个图标。"随后，父亲给了他一叠图标。

过了一周，墙壁上果然贴上了许多图标。一天晚上，父亲指着墙壁对成亮说："孩子，你看到自己的坏脾气了吗？"成亮感到有点惭愧，不好意思地低下了头。父亲说："从现在开始，如果你一天不发脾气，你就从墙壁上撕下一个图标。"

第一天，成亮遇到烦心事，难以忍受发了火，晚上他十分后悔。到了第二天，成亮居然心平气和，没有发脾气。过了一周，成亮居然有三天没发火。一个月后，墙壁上的图标都被撕掉了。那天晚上，父亲又把成亮叫到墙壁前，对他说："孩子，现在你已经学会了控制自己的脾气，这非常好。你看看，以前你发脾气的图标虽然被你撕下了，但是，图标的痕迹还在。你每次发完脾气之后，不管是给他人还是给自己，都将带来不可磨灭的伤害。"成亮惭愧地笑了笑，从此以后，他很少再发脾气了。

一项研究发现，在一般人的一生中，一天平均有3/10的时间处于情绪不佳的状态，所以每天常常需要与那些消极的情绪作斗争。众所周知，人的情绪有消极情绪和积极情绪两种。情绪是男孩对外面世界正常的心理反应，他们经常会被自己消极的情绪所困扰，让自己成为情绪的奴隶，让消极的心境左右自己的生活。

消极情绪不利于人的健康。科学家发现，经常发怒和充满敌意的人很可能患有心脏病，哈佛大学曾调查了1600名心脏病患者，发现他们中经常焦虑、抑郁和脾气暴躁者比普通人高三倍。如果男孩经常保持消极情绪，会对他们的健康不利。

男孩要学会控制自己的情绪，逐步纠正发火、骂人、说脏话的不良习惯，这需要父母帮助孩子找到适当的宣泄方法。遇事不如意或遭遇突发事件时，男孩会表现出情绪不稳定，或者是大喜大悲，或者是做事不顾后果，容易冲动，善于自我管理的孩子知道情绪是怎么回事，情绪的体验是什么，应该怎样去正确释放自己的情绪等。

有时候，男孩由于和父母有距离感，即使心中有烦恼，也不会和父母去讲。因此，父母平时要注意观察男孩的情绪。当发现男孩有点不正常的时候，就应该和男孩多沟通，多交流，让他说出心中的不快。若生气或大怒，可让男孩到空旷的地方去大声吼叫几声，或到外面跑步，把"气"排出来。

另外，父母要培养男孩乐观的性格。心理学家米切尔·霍德斯说："一些人往往将自己的消极情绪和思想等同于现实本身。其实我

们周围的环境从本质上说是中性的，是我们给他们加上了或积极或消极的价值，问题的关键是你倾向选择哪一种？”为此，他做了一个有趣的实验。他将同一张卡通漫画显示给两组被试者看，其中一组的人员被要求用牙齿咬着一支钢笔，这个姿势就仿佛在微笑一样；另一组人员则必须将笔用嘴唇衔着，显然，这种姿势使他们难以露出笑容。结果，霍德斯教授发现，前一组比后一组被试者认为漫画更可笑。这个实验说明，心情的不同往往不是由事物本身引起的，而是取决于我们看待事物的不同方式。因此，男孩对身边的事物要以积极的心态去面对，只有保持乐观，才会笑对生活中的种种不快。

9. 忽视小错会酿成大祸，父母要及时教育

“勿以恶小而为之，勿以善小而不为”，这是亘古真理。因此，父母不应忽视男孩平时的小错误。只有让男孩及时纠正小错误，才会让他将来不会酿成大错。

在教育男孩的过程中，很多父母都会有这样一种误区：对男孩犯的小错误常不闻不问，只有犯大错后才予以重视，加以批评。他们一直认为小错误可以忽视，不去注意，更不用提醒孩子予以纠正。其实不然，孩子的小错误更应该引起父母的重视。祸患出于忽微，细小的错误是将来铸成大错的祸根，如果不及时纠正，往往会导致孩子养成不良的做事习惯，或者使孩子的价值观出现偏差。

肖敏从小便有小偷小摸的坏习惯。有一次，妈妈让他到菜市场买菜，他趁人不备，顺手从卖鸡蛋的摊上拿了两只鸡蛋。当他回到家向妈妈炫耀自己的“本事”的时候，妈妈虽然感觉孩子的行为不是很光彩，但是转念一想，这只不过是一件不值一提的小事，所以她并没有当回事，非但没有批评肖敏，还把鸡蛋当做“战利品”让儿子享用。过了一段时间，肖敏上学时偷拿了同学的一支新买的钢笔，妈妈知道后只是说了儿子一句，也没放在心上。当儿子因偷盗电子游戏机被警察带走时，妈妈这时才意识到问题的严重性，她后悔万分，但是为时已晚。她根本没有想过让儿子误入歧途的并不是别人，而是平时最疼爱儿子的自己。

这样的例子实在是发人深省。刚开始这位母亲并没有把儿子拿别人的两个鸡蛋当回事，觉得这根本不是偷窃行为。她甚至还为儿子的小聪明而偷笑。如果在当时给以男孩严厉的批评，男孩就会意识到自己行为的不妥，就不会一步步陷入犯罪的泥潭。因此，当男孩犯小错的时候，父母必须及时纠正，否则只会“助纣为虐”，把孩子一步步推向犯罪的深渊。要想做到这一点，需要注意以下几个方面：

（1）男孩应树立正确的善恶观。作为父母，首先应该让男孩懂得自己行为的优劣，让男孩从小在头脑中形成辨别真伪的观念，树立正确的善恶观。事情不论大小，只要它是善事就应该不遗余力去做；只要它是恶事，哪怕微不足道也不应去做。父母应该保持高度的警惕，发现男孩犯错时绝对不能姑息迁就，一定要一针见血，指出他的行为危害，让他意识到自己的错误所在。

（2）父母应及时纠正孩子的错误。当父母发现儿子的错误后，应该立即给予批评警告，让他当场认错。有时，男孩未必能意识到自己的错误，如果父母不能立即让他纠正，一旦男孩犯下大错误便后悔莫及了。众所周知，尽管男孩的判断力不及大人，但是他们区别好坏的

能力还是有的。如果孩子犯了错，在他的意识里，他会感觉到自己做了错事。此时，父母应当及时抓住孩子“我犯错误了”的心理，立即进行有效的教育和行为上的纠正，这样，男孩在以后就会杜绝犯错。

（3）父母的教育方式要正确。有的父母发现男孩的错误后，不是加以开导，而是采取暴力，拳打脚踢。他们对男孩的小错往往不能正确对待，有时自己心情好时甚至还表扬两句，觉得儿子很“聪明”；而等到男孩铸成大错时，他们便异常愤怒，严厉责罚孩子。正是父母不当的教育方式，葬送了孩子的未来。因此，当孩子犯错时，父母对孩子不能姑息，哪怕只是小错误也要进行适度的处罚，只有这样男孩才能正视错误，及时改正。

男孩比较调皮，不如女孩温文尔雅，因此在他们成长的过程中，父母要付出更多的心血。

10. 男孩不能任性，家长管教要趁早

溺爱并不是真正的爱，这是众所周知的事情。因此，父母对男孩不能过于放纵，否则男孩就会变得过于任性。只有男孩提出符合现实的合理要求时，父母才应满足他。

现代社会，大部分家庭都是独生子女。很多父母心疼自己的独子，生怕他吃苦受罪，于是自己任劳任怨，抚养儿子长大。因此，任性成为了独生子女的通病。

任性指的是孩子依据自己个人的爱好和需要行事，从不接受父母的管教，不按大人的要求办事。他们有时为了面子，表面上答应，内心却不服。当父母不在旁边时，他们便可以由着自己的性子来办事。如果任由其发展，任性的孩子长大后，便难以与别人合作，难以与别人友好相处，难以适应集体和社会生活。

小男孩在幼年时期心理发展不成熟，对周边事物缺乏明确的认识和理智的判断力，因此，每个孩子身上或多或少都会有点任性。如果家长过于放任孩子的任性，在他们长大后会对他们的人际交往产生深刻的消极影响。

彬彬小时候聪明伶俐，活泼可爱，很惹人喜爱。在家里，不论是爸爸妈妈，还是爷爷奶奶，都很喜欢他。不过，由于家里只有他一个孩子，他渐渐有了一个缺点：十分任性。在家中，一切事情都必须由他做决定，稍不满意，他便大发雷霆，哭闹不止。为此，父母伤透了脑筋，尽管一再告诫他，可是他一直难以改掉这个毛病。

有一天，邻居家的小芳来到他的家里玩。小芳和他年龄相仿，不过人家是个女孩。当小芳想要玩他的小熊玩具时，他不让；妈妈让小芳吃苹果时，他也不让。妈妈告诉他：小朋友来到他家，便是客人。自己要以礼相待，要招待好客人。可是无论妈妈如何劝告，彬彬就是不懂得礼让，最后小芳伤心地离开了他家。

生活中，像彬彬这样任性的孩子不在少数，很多家长为之十分头疼，其实，对于绝大多数男孩来说，任性不是他们天生的毛病，这是在后天形成的。形成的原因主要有以下几种：

（1）男孩喜欢模仿的结果。模仿是孩子的天性，如果男孩在亲友或者他人之间亲眼看到别人有任性的表现，他们便会模仿，学着表现任性。

（2）父母经常迁就的结果。很多时候，父母会觉得男孩年纪小，

不懂事，不论任何事总是迁就他。时间一长，他便形成了任性的性格。比如，家里有好吃的总是小孩自己留着吃，从不会和别人分享。所以，父母在教育男孩的过程中，要懂得把握爱的尺度，不要过分地宠爱孩子。

（3）父母苛求男孩的结果。有时，父母会对男孩要求过高，或者要求违背男孩的意愿，所以男孩便不愿按照父母的要求去做，于是产生了逆反心理，通过执拗来与父母对抗，以此来发泄自己的不满，久而久之，男孩便会变得任性。

任性对孩子的成长不利，使他们的身心得不到健康发展。父母要想纠正男孩的任性，通常有以下几种办法：

（1）父母要找到男孩任性的根源。任何事情有因才有果，所以要想纠正男孩的任性，就必须追根溯源，找到原因。父母在批评男孩时，要就事论事，确定他错误的原因，千万不能泛泛而谈，全盘否定男孩，只有让男孩明白自己出现错误的原因，他们才会心服口服，不会产生逆反心理，让任性得以纠正。

（2）父母要让男孩多参加群体性活动。男孩之所以任性，最主要的原因是他们以自我为中心，不愿意与别人分享。所以，家长要经常让男孩和他的同伴玩耍，或者让他去伙伴的家，或者邀请伙伴来他的家。只有让男孩多与别人交流，学会和别人分享，男孩才会改掉自己身上的任性。

（3）父母要对男孩从行为上进行约束。当男孩出现任性行为时，尽管父母要在情绪上予以理解，但从行为上要约束他的行为。比如有时男孩偏食挑食，父母不能因他的坏习惯而迁就他，不能让他因餐桌上没有爱吃的菜而拒绝吃饭。

（4）父母要学会采用暂时回避的方法。当男孩提出不合理要求时，父母不应答应他们，可以暂时放下。当男孩感到无人理睬时，他便会为自己的行为感到后悔，便会停止任性的行为。

11. 男孩要学会抵制诱惑，以免被诱入歧途

人生的成长充满形形色色的诱惑，而成功人士之所以成功，是因为他们能够约束自己，克制自己，让自己抵制住诱惑。男孩应向成功人士学习，学会抵制诱惑，远离人生歧途。

对于男孩而言，易冲动、贪玩是他们的典型特点。因此，很多男孩会经不住外界的诱惑，不是沉迷于网络游戏，就是痴迷于漫画小说，最终虚度年华，浪费光阴。所以，家长从小就应该培养男孩抵制诱惑的能力，锻炼他们的自制力，增强他们的自控能力。只有拥有坚定的意志，保持心灵的纯洁，男孩才能健康成长，不断向人生的成功迈进。

米卡尔是美国著名的心理学家，他曾经做过“果汁软糖”实验。实验的过程是这样的：实验者把一群四岁的小孩留在一间房子里，分别发给他们每人一颗软糖。接下来告诉他们，他们既可以马上将眼前的软糖吃掉，也可以等实验者办完事后再吃，如果谁能坚持到实验者回来的时候再吃，他便能够得到两块软糖。

有的孩子比较冲动，当实验者走后就迫不及待地吃了糖果；而有的孩子则能够等到实验者回来再吃。在那些等待的孩子中，他们想尽一切办法让自己避免诱惑，支撑下去。有的闭上眼睛，让自己避免看见诱人的糖果；有的则将脑袋埋入手臂之中，一会儿自言自语，一会

儿独自唱歌，分散自己的注意力。20分钟过后，当实验者回来的时候，那些能够坚持到最后的孩子又得到一块软糖。

这个实验远远没有结束，研究者对这些小孩进行了长达十余年的追踪调查。调查结果发现，两种孩子在情绪与社会性方面的差异表现得十分明显。容易冲动的孩子普遍比较固执，喜怒无常，极易怀疑他人。面对压力，他们往往惊惶失措，选择逃避；面对失败，他们则一蹶不振，从不发愤图强。而那些自制力强的孩子，适应能力强，人际关系好。面对挫折，他们从容坦荡，乐观自信；面对压力，他们能够积极应对，从不轻言放弃。

当这些孩子中学毕业时，研究者对他们再次进行了评估。结果发现，当年那些能够耐心等待的孩子表现十分优异。他们不仅学习成绩好，而且综合素质强。与那些迫不及待取走糖果的孩子相比，他们的中考成绩普遍较高。

当然，一个小小的糖果实验并不能预测孩子们的未来，一个人的能力和成就需要受到诸多因素的影响。糖果实验所反映的仅仅是人在童年时期的行为，它会随着时间流逝逐渐演变成一个人在情感和社会能力上各方面能力的一部分。男孩的一生要经历许许多多的事情，它们看似不值一提，但是不容忽视。只有用自制力做好眼前的一件件事情，一个人才会有美好的明天。

面对信息多变、文化多元、物质极大丰富的现代社会，男孩已是眼花缭乱，他们对周围的一切都充满好奇，任何诱惑都有可能让他们沉迷其中。另外，很多家庭教育不足，欠缺民主科学性，再加上学业负担过重，厌学情绪强烈，使得电视、电脑成了男孩的避难所。如何让男孩拒绝诱惑、抵制诱惑，成了每个家长都关心的问题。

让男孩学会抵制诱惑，家长先要学会反思。“子不教，父之过”，孩子出了问题，应该从家长身上反思原因。家长大部分时间都用于工作、家务和娱乐，很少花时间与儿子耐心沟通。孩子基本的精神需求得不到满足，自然会寻求替代品，于是电视、电脑成了男孩的精神麻醉剂。有些家长不和儿子交流，也不鼓励儿子交友，不引导儿子参加一些有益的体育活动，虽然给儿子报名参加各种培训班，也完全是功利的。男孩的精神需要仍然得不到满足，充沛的精力得不到发泄，就会被各种诱惑吸引，一不留神就掉进诱惑的陷阱。所以，培养男孩抵制诱惑的能力，就要从家长自身改造做起：

（1）家长要放下架子，和儿子做朋友。文化传媒的普及，明星制造业的繁荣，引发了“追星”热潮，很多男孩因迷恋明星而痴狂，以致耽误了学业、耗费了家中的钱财、出现了心理问题，甚至有人上演了轻生的悲剧……儿子在“追星热”中丧失理智，家长应冷静处理。与孩子多沟通，由儿子喜爱的明星谈起，和儿子一起讨论理想、未来等，增进相互之间的了解和理解，帮助男孩得到更健康的成长。

（2）订立双方共同遵守的亲子协议，父母与孩子相互监督，在互相约束的过程中让男孩形成自我管理能力。就双方的学习、生活、劳动，包括看电视、上网等易上瘾的娱乐活动订立协议，对时间、地点、形式等予以规范化。协议生效后，双方都要严格执行，违反规定将受到相应的惩罚。注意：目标不要太高，双方承诺的条件要具有可操作性，本着循序渐进的原则，目标由小到大，实现起来要由易到难，根据实际情况进行决定。这种订立协议的方式，充分体现了孩子与家长的平等地位，男孩的个性得到充分认可，容易激发他们的内在要求和自觉行动，帮助他们提高自我约束意识、自我管理能力，使他们更好地适应竞争日益激烈的社会。

（3）作为家中的独生子，男孩更渴求朋友，家长应该帮助孩子正确地结交朋友。有些家长害怕孩子在交往中受到伤害，就限制儿子的交往与交际，却没注意到孩子的孤独，而孤独正是男孩容易受到外在不良因素诱惑的原因之一。所以，家长应该在理解孩子的基础上，鼓励、引导男孩交朋友，交好的朋友。

（4）家长要为男孩鼓劲，及时与老师沟通交流，努力提高儿子的

学习能力，以争取更好的成绩。学习成绩对于一个学生来说还是很重要的，好成绩会带来更好的成绩，从而步入一个良性循环；相反，挫败感会使新的失败接踵而来，从而步入一个恶性循环。所以，家长要帮助男孩树立必胜的信念，增强他们提高学习成绩的信心，通过各种方法帮助他们掌握学习方法，提高学习成绩。

12. 男孩要多锻炼，不要变成小胖墩儿

男人应有强健的体魄，因此从小就应该多多参加体育锻炼。父母可以通过培养他对体育项目的兴趣，来让他自愿训练。

男孩天生好动，经常上蹿下跳。然而如果父母让他锻炼身体，他会找出各种借口表示拒绝，不是肚子痛，就是还要写作业。事实上，男孩非常愿意做自己喜欢的事情，但对于到户外去锻炼身体，他们会表示反对，因此，父母要培养他们对户外运动的兴趣。

男孩亮亮盼到放暑假了，终于可以随心所欲地玩了，然而疯玩了几天便觉得没有意思。他每天除了在家看电视，就是上网打游戏，常常会感觉很累。

一天傍晚，亮亮和爸爸一块去小区旁边的广场上散步。广场上，很多和亮亮年龄相仿的孩子都穿着溜冰鞋在自由滑行。他们技术很高，而且花样繁多，引来了围观者的阵阵欢呼。亮亮对他们十分羡慕，于是爸爸便想趁机锻炼一下他的身体和意志，让他报名参加了溜冰培训班。一开始，亮亮满怀信心，可是当他发现自己穿上溜冰鞋根本都无法站立时，有点泄气。爸爸便鼓励他说："任何事情都会有困难，困难并没有想象的可怕，只要别人可以做到的事情，你也照样能做到。"于是，亮亮便充满自信继续训练。尽管摔倒很多次，但亮亮终于迈出了成功的第一步。过了几周，他能穿着溜冰鞋自由运动了。暑假过后，他终于也能变着花样自己滑行了。

通过学习滑冰，亮亮收获很多。他觉得自己的假期过得很充实，而且令他最高兴的是他认识了一群新朋友。通过训练，他不仅有了业余爱好，还可以强身健体，建立自信。

多运动的好处是十分多的，然而对于那些比较懒的男孩，家长会觉得十分苦恼。其实，这也需要他们去培养男孩的兴趣，只不过培养的过程要长一些。

男孩一般都会坚持自己的"原则"，只要是他不喜欢的事情，不管家长怎样催促他也会无动于衷。即使家长动用自己拳头的权威，他也不过是怀着应付的心态去做。因此，家长应帮助他选择喜欢的运动项目，找借口调起他的"胃口"，慢慢培养他的兴趣，引导他去参加锻炼。

健健家里最近新买了电脑，他以前所有的健身计划全被停止，晨练被放弃了，游泳班也取消了，就连晚饭的散步他也不想去。妈妈看着儿子整天迷恋于网络游戏，十分生气。后来一个偶然的机会让妈妈改变了主意。

有一天，妈妈和健健去购物。大街上有很多男孩正在进行街舞表演，健健看上去蠢蠢欲动。于是，妈妈特意到超市里给他买了一张跳舞毯。回家后，健健迫不及待地跳起来，马上对此产生了兴趣。他甚至还放出豪言："两个月之后，我要和大街上的专业人士比拼一下。"于是，他每天下午自觉练习跳舞半小时。从此，父母不用再替儿子操心运动量不足了。

对于平时比较懒散的儿子，父母还可以想出许多办法。比如，男孩会有一种强烈的竞争意识，父母可以和儿子比赛跑步；父母还可以

利用孩子的好奇心，带男孩到周围的公园游玩。

只要父母正确引导，懒惰的孩子也会变得勤奋。因此，父母要多多开动脑筋，用心思考，让自家的男孩心甘情愿地参加锻炼。

13. 男孩要科学睡眠，促进身心健康

科学的睡眠习惯能够使男孩得到充分休息，保持旺盛精力投入学习和生活。然而，不少男孩养成了不良的睡眠习惯，以致整天萎靡不振，影响了健康。

睡眠不足已经成为影响男孩健康的无形杀手。从医学的角度讲，男孩的生长主要是在睡眠中完成。晚上10点到次日凌晨1点是人体生长激素分泌的高峰期，亦是人体内坏死细胞与新生细胞交换最活跃的时间。如果不在意这段时间，错过它只会对孩子的生长、身心发育带来不良影响。

一项调查显示，超过一成的小学生和三分之一的中学生正在遭受睡眠不足的隐性伤害，由此可见，此问题已经刻不容缓。孩子睡眠不足会直接影响其身体健康和精神健康。美国科学家最近研究表明，睡眠不足不仅能影响孩子的自信心，同时还会让孩子出现忧郁情绪。我国儿童专家认为，睡眠不足会给少年儿童带来包括视力下降、体质下降等身体伤害，同时也难以避免精神上的伤害。我国的家长们对孩子睡眠普遍缺乏应有的关注，在广州进行的一项调查表明：80%的学生有睡眠障碍现象，近60%的学生因睡眠质量问题出现白天功能障碍现象，近50%的中学生每天睡眠时间不足7小时，所有这些现象都直接影响了学生的学习，且引发了心理问题。教育和心理专家指出，睡眠不足在当今的中学校园内已是相当普遍的现象。

家长和老师必须重视孩子的睡眠，保证孩子的睡眠时间。孩子自制力不强，家长应该对孩子施以必要的干预，帮助他们合理安排休息时间，别让孩子无节制地看电视、玩电脑而耽误睡眠。家长们也别走进误区，成天让孩子参加各种学习班，占用孩子的休息时间。更不能因搓麻将、打扑克、下象棋、唱歌、跳舞等娱乐活动而影响孩子的睡眠。

（1）男孩应该按时作息。随着生活内容的日渐丰富，生活领域的不断拓宽，男孩往往会痴迷于游戏，难以合理规划自己的时间，经常晚睡晚起，形成了不良的作息习惯。要使生活有规律，就必须按时作息。

培养男孩良好的作息习惯，要从小事做起，比如要早睡早起，经常刷牙。如果男孩按时作息，他就会积极向上，勤奋努力。否则，他只会养成好吃懒做、投机取巧的坏毛病。

（2）男孩应保证睡眠时间。不同的人群对睡眠的要求并不相同。一般而言，青壮年一夜睡7-9小时，幼儿少年增加1-3小时，老年人减少1-3小时。男孩只有充分保证自己的睡眠时间，他第二天才会精力充沛。对于男孩，最好的睡眠时间是晚上10点。假如错过晚上10点到次日凌晨1点这段睡眠时间，以后再补睡也无法弥补。

（3）男孩睡眠姿势要正确。正确的睡眠姿势是向右侧卧，微曲双腿，全身自然放松，一手屈肘放枕前，一手自然放在大腿上。只有保证睡眠姿势的正确，男孩的睡眠质量才会提高。

（4）男孩生活要顺应生物钟。一个人只有每天准时起床，去迎接每天早晨的阳光，他的生物钟才会准时运转。这既能提高睡眠质量，又会让人精神焕发。一般而言，影响人体生物钟的运行因素是体温。

当人的体温下降时就会产生睡意，应该通过控制体温，比如睡前洗澡或睡前做20分钟的有氧运动等，来使体温有所下降，促进睡眠。

14. 男孩要从小学会理财，做金钱的主人

男孩从小就应该学会理财，这会对他的一生产生重要的影响。有了正确的理财观念和行动，才能够把钱用对地方，从而不因金钱而放纵，不为钱少而窘迫不堪。

《富爸爸，穷爸爸》是一本风靡一时的好书，作者罗伯特·清崎写道：“今天我们的教育体制已不能跟上全球变革和技术创新的步伐。我们不仅要教育年轻人在学术上的技能，也要教育他们理财的技能。这不仅是他们在这个世界上生存下去，而且是生活得更美好所必须具备的技能。之所以世界上绝大多数的人为了财富奋斗终生而不可得，其主要原因在于虽然他们都曾在各种学校中学习多年，却从未真正学习到关于金钱的知识；其结果就是他们只知道为了钱而拼命工作，却从不去思索如何让钱为他们工作。”

罗伯特·清崎的人生经历说明，在一个人的一生之中，如何理财是一种重要的社会生存技能。面对金钱与名利，很多人无法端正态度，成为了金钱的奴隶。哲学家培根说过：“金钱虽然是好仆人，有时候也会摇身一变，变成坏主人。”这句话颇有道理，是现实生活的写照。

由于缺乏理财教育，那些家庭优越、生活富裕的孩子会对金钱有一种依赖感，而贫穷家庭出生的孩子却精打细算，对金钱有种强有力的控制能力，最终两种孩子的命运截然不同。

很多时候，人们会对富家子弟十分羡慕。然而当这些纨绔子弟掌管财富时，由于他们不善理财，稀里糊涂，经不住别人的诱惑，最终陷于堕落的境地。而那些贫苦之辈则是勤奋刻苦，精打细算，凭借自己的努力闯出一片天下，拥有丰富的资产，获得无上的荣誉。

当今社会是市场经济，讲究的是优胜劣汰。父母应该从小让男孩树立正确的金钱观念，让他们懂得金钱的来之不易，这样他们就会学会节约用钱，培养了自主理财的能力，不会“一掷千金”地挥霍。

理财教育不仅是一种工具和手段，其主要目的是让男孩养成良好的理财习惯，从不乱花钱，让他成为一个能干的、健全的、真正的人。培养男孩的理财能力有助于让男孩学会独立自主，在社会上有安身立命之本。

一项调查显示，绝大多数的孩子都有自己的零花钱，而九成以上的孩子存在乱消费、高消费的问题。

改革开放以来，随着独生子女的增多，中国年轻一代在消费方面存在诸多问题，比如花钱大手大脚、盲目攀比名牌时尚等。然而在欧美等发达国家，家长从小就让孩子接受理财教育，让他们从小就懂得理财，意识到理财的重要性。

在日常生活中，父母培养男孩良好的理财习惯，首先应该从认识上端正对男孩的爱。

很多父母自己一辈子辛苦赚钱，就是为了留给后代。其实，他们的做法值得商榷。他们那样做只会夺走儿女种种冒险生活的乐趣，他们多遗留一块钱，便使儿女多一分软弱。最宝贵的遗产，是让儿女能自己开辟生活，能自己立足。

其次，父母给男孩钱时要有节制。父母不能随心所愿，男孩要多少钱就给多少。

如果男孩在养尊处优的环境中成长，他们就会觉得钱来得十分容易，从来不会珍惜钱。

第四章

对待男孩要热情，激发他的主动欲望

积极主动永远是一个人建功立业的根本，有了积极主动，男孩就能够自动自发地去思考人生的理想，探索自己的未来，利用自身的优势解决遇到的问题，从而愈发成熟起来，能力也会显著提高。

1. 人贵自知，关键时候让男孩自己拿主意

一个人到底喜欢什么，爱好什么，有什么长处，如果自我有清楚的认识，在需要为学习、工作甚至整个人生进行选择时，就不会感觉到困难，完全可以自己拿定主意。在教育男孩的时候，不能处处强迫，而应该引导他逐渐认识自我，锻炼他的决断能力。只有如此，他才能在以后的人生路上做出无悔的选择。

古希腊哲学家苏格拉底有句名言："认识你自己！"为了有助于学习，让自己在选择专业的时候果断作出定夺，男孩就应了解自己的兴趣。在这一过程中，父母应该帮助孩子认识自己。很多时候，当男孩面临选择时，他们往往会不知所措，不知自己到底喜欢什么。尤其是在高考选择专业的时候，他们往往是十分盲目的。因此，有的男孩在上了大学后才后悔自己当初所选择的专业。

小贝是某市的高考状元，他的理想是上北京大学。然而在考上北大之前，他却经历过一段戏剧化的学习生涯。

小贝一直喜欢数学，他从小便有数学上的天赋，于是他先考上了奥林匹克学校。进入奥校后，由于他的贪玩，不用心学习，成绩有所退步，受到了老师的批评。他一气之下竟然要退学。

妈妈知道后，并没有过分批评儿子，而是让小贝自己做主，自己

决定。她语重心长地对儿子说：“这是你的终身大事。你的决定将会影响你的一生。所以，你一定要考虑妥当。这是你自己辛辛苦苦考进去的，你选择不学也可以，但是你必须改掉贪玩的坏毛病。”后来小贝经过考虑，自主退学。

然而退学之后，小贝贪玩的毛病并没有改正，这使他的学习成绩没有进步，妈妈又找他谈话。妈妈对他讲：“你将来打算怎么发展呢？”小贝告诉妈妈，他要上本市最好的中学。妈妈说：“这是一个很好的志向，但是你的数学成绩必须是全市一流的。所以现在你只有进了数学奥校才有可能考上。”于是，小贝又通过努力考进了奥校，最终考上了北大，圆了自己的梦。

在人生选择的过程中，小贝的妈妈从来没有干涉他的自由，让他明白只有了解自己才会做出适合自己的选择。

在金融界，美国联邦储备委员会主席格林斯潘是家喻户晓的人物。他的决定会对美国经济产生重大的影响力。然而，他小时候却是学音乐的。由于他的母亲热衷于小提琴，格林斯潘在妈妈的影响下从小便学习音乐，而且自认为也有音乐才能。后来，他报考了音乐学院。毕业后，他经常随团四处演出。

可是，格林斯潘发现自己对音乐并不感兴趣，对他而言，真正感兴趣的是金融。经过慎重考虑，他选择离开乐团，到纽约州立大学学习金融，毕业后去华尔街闯荡。正是当年他的正确选择，才让他正确了解自己，选择了最适合自己的发展道路，他才会当上美国联邦储备委员会的主席，取得了金融领域内的巨大成功。

男孩要想正确了解自己，全面地认识自己，就要从日常生活中根据自己的个性特点来寻求兴趣爱好。

有的男孩，兴趣是非常容易变化的，今天喜欢这个，明天喜欢那个。有的还会说自己没有什么特别的兴趣和爱好，对什么都无所谓，其实这都是父母平时很少注意培养男孩的兴趣造成的。有时候，自己对某件事情没有兴趣，是由于对自己不了解。男孩觉得自己没有兴趣并不可怕，这只能说明还没有了解自己，还不知道自己真正的爱好所在。相信经过一段时间的磨练，一定会找到自己的兴趣所在，让自己在喜欢的领域有所发展，将来能够有所成就。

2. 付诸行动，男孩的梦想才不会变成幻想

梦想是人生的一盏明灯，指引着男孩通向成功之路；梦想是成功的一方罗盘，导引男孩人生的航向。然而，空有梦想不予行动是万万不可的。有了梦想，更要坚持不懈；为了实现梦想，更要顽强拼搏。

有这样一位男孩，他的家来自农村。由于家庭贫困，他年纪虽小，但必须和父亲一起下地劳作。有一天，男孩在地里干活。当他累了的时候，他坐在一旁休息，停下手中的锄头，擦干头上的汗水，呆呆望着远处。父亲在旁边叫了他好几次，他都没有听见。过了片刻，父亲问男孩刚才在想什么，男孩的回答让父亲觉得有点不可思议。

男孩告诉父亲：“我心中在想，等我长大后，我一定不种地，也不去上班。”

“那你长大后希望做什么？”父亲有点好奇。

男孩说：“我希望自己整天坐在家中，等着别人给我邮钱。”

父亲听完后忍俊不禁，大笑起来。他觉得儿子实在是天真，真是

在做白日梦。他告诉孩子一定要实事求是，不能好高骛远。

不久，男孩上学了。他十分好学，因此老师十分喜欢他。从老师的讲课中，他今生以来，第一次知道了埃及的金字塔。老师的生动讲解让他对这一世界奇迹产生了浓厚的兴趣，回到家后，他对父亲说："等我长大后，我一定要去埃及，亲自看看金字塔。"父亲听后觉得儿子又在痴心妄想，简直是不可思议。这回他有点生气，在儿子头上拍了一巴掌。他告诉儿子："你当前的紧要任务就是好好把书读好，找个好工作。"

上学期间，男孩成绩在班上名列前茅，十分优异。后来他又考上了大学，等到大学毕业后，为了实现儿时的梦想，他开始了漫长的奋斗路程。几年来，他当过记者，还写了好多书。他的文章一经发表，读者好评如潮。大家都被他的文采所吸引，他的书销路很好。通过自己的不懈拼搏，男孩果真实现了儿时的愿望：他坐在家里读书写作，而出版社、报社和杂志社等源源不断地将钱汇到他的账目上。

男孩拿着自己辛苦赚来的钱，准备周游世界。度过茫茫大海，穿过辽阔草原，他终于来到魂牵梦绕的金字塔下。他抬头仰望，高高的金字塔矗立在眼前。这时他想起了儿时父亲常对自己说过的话，露出了会心的微笑。当年不经意的一句话，竟然在若干年后梦想成真，这个男孩就是台湾知名作家林清玄。

很多时候，大多数人都会将自己儿时的梦想忘得一干二净。而林清玄则不然，他的成功正是源自于小时候自己的梦想。不过有了梦想是远远不够的，那只是万里长征的第一步，接下来是更为重要的——为梦想而付诸行动。否则，空有梦想没有行动只会让自己成为语言的巨人，行动的矮人。

从前，在大森林里，有一种小鸟名叫寒号鸟。它与其他鸟的不同之处在于它长着四只脚，但两边却是光秃秃的肉翅膀，所以当其他鸟在天空翱翔的时候，他只能眼睁睁地看着。

每当夏天来临，寒号鸟的全身长满了绚丽的羽毛，看上去十分美丽。这时，寒号鸟孤高自傲，自以为是天底下最漂亮的鸟，就连漂亮的凤凰都不能和自己相媲美。于是它整天在大森林里摇晃着羽毛，走来走去，还扬扬得意地高唱："凤凰不如我！凤凰不如我！"

夏去秋来，森林里各个鸟儿开始忙碌起来，它们有的开始结伴而飞，到南边过冬；有的则准备留下来，为冬天积聚食物、修理窝巢。唯独寒号鸟既没有飞到南方的本领，也不愿为冬天做准备，依旧是整日东游西荡，四处乱走。

寒冷的冬天很快就来到了，鸟儿们躲到自己搭建的温暖的窝巢里，而寒号鸟只能是寄宿在石头缝里，身上漂亮的羽毛也都脱落光了。夜间，它躲在石缝里，冻得浑身直哆嗦，它不停地叫着："好冷啊，好冷啊，等到天亮了就造个窝啊！"等到天亮后，太阳出来了，温暖的阳光一照，寒号鸟又忘记了夜晚的寒冷，于是它又不停地唱着："得过且过！得过且过！太阳下面暖和！太阳下面暖和！"

寒号鸟就这样一天天地混着，过一天是一天，一直没能给自己造个窝。最后，它没能混过寒冷的冬天，终于冻死在岩石缝里了。

罗曼·罗兰曾经说过："人生最可怕的敌人，就是没有明确的目标。"的确，目标是你追求的梦想，目标是成功的希望。失去了目标，你便失去了方向，失去了一切。

齐瓦勃是美国乡村里的一个小男孩儿，由于家里穷，他从小没受过多少学校教育。少年时期的齐瓦勃曾经种过地，还做过马夫，然而雄心勃勃的他无时无刻不在寻找着新的机遇，以实现他出人头地的梦想。

齐瓦勃18岁的时候来到了钢铁大王卡内基属下的一个建筑工地打工，这令他兴奋不已。一进建筑工地，齐瓦勃就下定决心，要成为最优秀的建筑工人。所以，当其他工人在抱怨工作辛苦、薪水太低的时候，齐瓦勃总是在一旁默默地积累着工作经验，并开始自学

建筑知识。

一天中午休息的时候，同事们都在闲聊，只有齐瓦勃躲在角落里看一本建筑方面的书。恰巧公司经理到工地检查工作，看见了这个埋头苦读的青年，他走过来瞧了瞧书名，又翻了翻齐瓦勃的笔记本，没说什么就走了。第二天，经理把齐瓦勃叫到办公室，问道："为什么你要学习建筑知识，平时的工作做得吃力吗？""我想我们公司并不缺少打工者，缺少的是既有工作经验又有专业知识的技术人员或管理人员。"齐瓦勃认真地回答。经理点了点头，不由得仔细打量起眼前这个貌不惊人的年轻人。

几个月后，齐瓦勃经过自己的努力被提升为技师。同事十分惊讶他飞速的进步，问他凭什么本事才能胜任这份工作，他回答："我不光是在为老板打工，更不单纯为了赚钱，我是在为自己的梦想打工，为自己的远大前途打工。我们只能在业绩中提升自己。我要使自己工作所产生的价值，远远超过所得的薪水，这才是我想要的人生。"

原来，齐瓦勃不仅仅有远大的理想，更有为理想不断拼搏的勇气与决心。他正是凭借着这种精神，不久便成为了总工程师，再过几年，年仅25岁的他担任了这家钢铁公司的总经理，后来又被卡内基任命为钢铁公司的董事长。

许多人都曾经有过宏伟的目标，曾经希望自己能够出人头地，飞黄腾达。但是几年过后，他们便会发现，自己的愿望会随着时间的推移被遗忘，它们只能当做是自己青春年少的美好回忆，停留在记忆的瞬间。他们从未想过，自己当时仅仅是将人生的未来当做一种幻想与憧憬，从来没有当做真正的目标为之顽强奋斗过。理想不去奋斗只能是空想，目标不去拼搏只能是奢望。好男儿志在四方，好男儿更要为理想而拼搏。与其在别人面前夸夸其谈，不如靠自己默默努力。

3. 男孩要有独立思考的能力，不能人云亦云

“学而不思则罔，思而不学则殆。”男孩要在学习之余，懂得独立思考。食物只有经过消化才能被身体所吸收。知识也是如此，只有经过思考才会变成真正属于自己的东西。

爱因斯坦是20世纪伟大的科学家，他曾经说过：“学会独立思考和独立判断比获得知识更重要。不下决心培养思考习惯的人，便失去了生活的最大乐趣。”

爱因斯坦小时候发育比较迟缓，直到三四岁时说话还不流利。不过他的小脑袋中却经常思考着各种各样稀奇古怪的问题，比如，雨为什么会从天上掉下来，月亮为什么不会从天上掉下来等等。

有一次，爸爸给爱因斯坦买了一个罗盘，他对这个玩具非常喜欢，爱不释手地摆弄起来。罗盘的指针有个特性：不管人怎么转动，当它静止下来时，涂着红色的一端总是指着北方，另一端总是指着南方。爱因斯坦感觉好奇怪，他小心翼翼地转动罗盘，希望让罗盘指针指向别的方向。可是不管他怎么摆动，罗盘红色的一端至始至终指向北方。

爱因斯坦感到有点莫名其妙，“为什么它总是指向南北，而不指向东西呢？”他整天一直在思考着这个难解的问题，甚至达到着迷的

状态。连续好几天，他都被这个问题困扰着，整天精神恍惚，沉默不语，父母还以为他生病了。经过好几天的琢磨，他终于想到一个答案："这根针的周围一定有什么东西在推着它！"于是，他便想找出罗盘周围存在的某个神秘的东西，可是找来找去却一直没有找到。

爱因斯坦在对罗盘的探索中，已经培养了善于思考的习惯。

拿破仑·希尔是世界赫赫有名的成功学家，他曾写了一本名为《思考致富》的书。这本书一经出版就倍受欢迎，重印许多次，十分畅销。这本书揭示了人们运用大脑获得成功的规律，他告诫任何人，要想取得成功，就都必须运用自己的头脑去思考。

有一次，拿破仑·希尔专程去拜见一个以出售主意为职业的教授，结果被教授的私人秘书拦住了。他觉得很奇怪："像我这样有名望的人来见教授，也要挡驾的吗？"

秘书告诉他："只要是这时候，教授肯定谁也不见。哪怕是美国总统来，他也和别人一样，等两个小时。"

拿破仑·希尔迟疑了一下，虽然他很忙，但仍然决定等两个小时。终于过了两个小时，教授走了出来，希尔好奇地问他："你为什么要让我等两小时？"

教授告诉希尔，他自己有一个特制的房间，里面漆黑一片，空空荡荡，唯有一张躺椅，他每天都会准时躺在椅子上默想两小时。这段时间是他创造力最旺盛的时候，很多优秀的主意都来自于此，所以这时他谁也不见。

听完教授的讲述，拿破仑·希尔突然感到一种暖流，涌起了一个念头：思考是一个人成功的要诀。于是，拿破仑·希尔下决心完成了自己的扬名之作《思考致富》。

家长要想培养男孩独立思考的能力，必须做到以下几点：

（1）父母要创造思考的氛围。良好的氛围有利于男孩形成独特的个性。很多时候，父母总是将男孩视为不成器的小孩，甚至是成人的附庸品。其实，男孩从小就应有他们独立的空间，有他们自己的世界。父母要培养男孩的创造力，鼓励男孩勤思考、多思考。

（2）男孩要独立思考。父母在与男孩相处的过程中，要以商量的口气和男孩协商，给男孩留有思考的余地，让男孩大胆提出自己的想法。男孩既然有了自己的想法，就要大胆坚持，不应人云亦云。

（3）男孩应进行有创造性的思考。男孩一般都有打破沙锅问到底的习惯，这时父母应该不厌其烦地给男孩解释，对男孩的提问要认真回答。只有这样，男孩才会坚持自己先前的看法。

4. 男孩要挖掘自己的缺点，以便做到扬长避短

歌德说过一句话："一个目光敏锐，见识深刻的人，倘又能承认自己有局限性，那他离完人就不远了。"男孩应注重自己的缺点，并对之予以纠正。当缺点越来越少时，优点就越来越多，扬长避短才可以落到实处，而不再是一句空话。

管理学中有个理论叫做"木桶理论"。它讲的是一只水桶要想盛满水，它的每一块木板必须一样平齐而且毫无破损，如果桶中的木板稍有一块不齐或者某块木板下面有破洞，就会导致这只桶无法盛满水。因此，一只沿口不齐的木桶，其存水量的多少并不是由桶壁中最长的那块木板决定的，而取决于最短的那块。现实中，男孩的缺点就

像木桶壁中那块最短的木板，它往往是失败的根源。因此，男孩要懂得扬长避短，这样才能清醒地认识自己，在人生的道路上创造佳绩。

历史上“田忌赛马”的故事家喻户晓。战国时期，孙膑原本在魏国作官，但他受到同僚庞涓的迫害，来到齐国。齐国使臣把他引见给齐国大将军田忌，孙膑精通兵法，田忌对他十分佩服，将他待为贵宾。孙膑对田忌也很感激，经常为他献计献策。

在当时，赛马是一种娱乐项目，备受齐国贵族的欢迎。上至国王，下到大臣，经常以赛马取乐，并以重金赌输赢。田忌经常和国王以及其他大臣赛马，可是屡赌屡输，为此他经常闷闷不乐。孙膑得知这件事情后，安慰田忌说：“下次有机会带我到马场看看，也许我能帮你。”

经过了解，孙膑知道，按奔跑的速度，马被分为上、中、下三等，等次不同装饰不同，各家的马依等次比赛，比赛为三赛二胜制。比赛时，双方要从自己的上、中、下三等马中各选一匹来赛，还规定每有一匹马取胜可获千两黄金，每有一匹马落后要付千两黄金。当再次赛马时，孙膑跟随田忌来到赛马场，满朝文武官员和城里的平民也都来看热闹。

经过仔细观察后，孙膑发现田忌的马和其他人的马不差上下，他屡屡失败的原因在于策略运用不当。于是他告诉田忌：“大将军，请您放心，我有办法让你获胜。”田忌听后十分高兴，随即以千金作赌注约请国王与他赛马。国王平时在赛马中是常胜冠军，所以欣然答应了田忌的邀请。

根据孙膑的主意，田忌在赛前用上等马鞍将下等马装饰起来，冒充上等马，与齐王的上等马比赛。比赛开始，只见齐王的好马飞快地冲在前面，而田忌的马远远落在后面，国王得意地开怀大笑。第二场比赛，还是按照孙膑的安排，田忌用自己的上等马与国王的中等马比赛，在一片喝彩中，田忌的马最终冲到齐王的马前面，成为第二场的赢家。到了关键的第三场，田忌的中等马和国王的下等马比赛，田忌的马又一次冲到国王的马前面，结果二比一，田忌赢了国王。

国王以前从未输过比赛，这次比赛结果令他目瞪口呆，他还以为田忌得到了好的赛马。这时田忌告诉齐王，他的胜利并不是因为找到了更好的马，而是用了计策。随后，他将孙膑的计策讲了出来，齐王恍然大悟，立刻把孙膑召入王宫。孙膑告诉齐王，在双方条件相当时，对策得当可以战胜对方，在双方条件相差很远时，对策得当也可将损失减低到最低程度。后来，国王任命孙膑为军师，挥指全国的军队。从此，孙膑协助田忌，改善齐军的作战方法，齐军在与别国军队的战争中因此屡屡取胜。

“田忌赛马”成功的原因关键在于他接受孙膑的建议，扬长避短，用自己的上等马与齐王的中等马比，用自己的中等马与齐王的下等马比。如果正常比赛的话，田忌可能三场比赛，三次失败。可是经过调整，他的马优势就可以得以明显发挥，能够稳中取胜。

《伊索寓言》中有这样一个故事：当初普罗米修斯造人，他让每个人身上挂有两只口袋，其中一只挂在胸前，用来装别人的缺点；另一只则挂在背后，用来装自己的缺点。因此，每个人容易看见别人的缺点，而对自己的缺点却经常忽视，或压根儿看不见。人活一生，本身就是带着缺点来到世上的。人生的任务就是一辈子不断纠正缺点、完善自己。对于男孩而言，敢于挖掘和暴露自己的缺点是十分必要的。

好男儿要扬长避短，就要对自己进行自我剖析。这里讲的“剖析”，不仅仅是要找出优点、肯定自己的成绩，更重要的是要对自己进行客观分析，找到自己的不足之处，要把自我剖析的手术刀滑向心灵的深处，对心灵进行忏悔式的追问：我的缺点到底在哪里？明天我将如何努力？只有这样，自己才会更加明确地认识自己，让自己不再盲目生活。

5. 男孩要学会自我激励，无论干啥都有动力

自我激励可以使男孩满怀自信，从而激发潜能，不断创造奇迹。

有一年，年轻小伙罗杰·史密斯到赫赫有名的美国通用汽车公司应聘会计工作。面试时，他自信大方，给面试官留下了深刻的印象。由于公司招聘会计的名额仅仅是一个，所以职位竞争十分激烈。面试官告诉罗杰·史密斯，对于一个新手来说，可能很难立即胜任这个职位的工作。但是，罗杰·史密斯根本没有把它当做一个困难，他觉得自己完全可以胜任，更重要的是，他认为自己是一个善于自我激励、自我规划的人。

由于善于自我规划，罗杰·史密斯最终被录用。后来，他通过自己的不断激励，不断拼搏，成为了通用汽车公司的董事长。其实，他刚到公司不久，就立下决心，将来要成为通用的总裁。

威廉·詹姆斯是美国哈佛大学的教授，他通过调查发现，一个没有受过激励的人，仅能发挥其能力的20%～30%，当他受到激励时，其能力可发挥至80%～90%，即一个人在通过充分的激励后，所发挥的作用相当于激励前的3至4倍。

对于男孩而言，他们通过自我激励可以增强自信，让自己能够有良好的表现，而良好的表现又会促进他们作出自我激励，从而不断进步，取得一个个佳绩。因此在生活中，父母要注意引导男孩进行积极的自我激励，让他们通过自我激励来激发自己的潜能，一步步迈向成功。

要想培养男孩自我激励的习惯，必须注意以下几个方面：

（1）父母要经常激励男孩。男孩的身上蕴含着巨大的潜力，如果他能够得到鼓励性的建议和表扬，就会鼓足能量、充满自信去办事。

有一位老师，在他的带领下，一个班级的学生从全年级最差提高到全校第二名。别人对他的教育方式充满好奇，这位教师这样回答道："事实上，我并没有做什么特别的补习，我只是每天上课前对我的学生们说'你们每个同学都可以取得好成绩，只要你每天督促自己多做一道题，多背一个单词，多考一分。'事实上，我的学生们每天就向着这个小小的目标不断前进，一个学期下来，成绩自然就上去了。"

由此可见，激励孩子非常容易，只要适时鼓励孩子，他们就会产生良好的自我感觉，就会自我激励，产生上进的动力。

（2）让男孩进行自我鼓励。男孩在成长的过程中，会遇到各种各样的困难。这时他更需要的是自己对自己的认可与鼓励。如果连自己都对自己失去信心，那么别人如何支持他都会无济于事。

在一次马拉松比赛中，一位选手左膝盖受了伤，但是他还是凭借坚强的意志力跑完全程。当他到达终点时，比赛的名次早已排满了记录板。这时对他来说，即使跑到终点也早已没有名次。有一位记者问他："什么力量让你坚持一定要跑到终点？"他回答："我只是不断告诉自己，一定要跑完！"他正是凭着自我鼓励的精神战胜了困难，赢得了全场最热烈的掌声。

（3）男孩要自己设定目标。"一个确定的目标是成功的一半。"男孩只有确定目标，明确方向，他才有奋斗的方向，让自己不会在实践中迷失方向。善于自我激励的人都会有自己的目标，为了实现目标不断前进。

在赛车界，理查·派迪曾经称霸一时，他赢得无数的奖牌，保持了许多纪录。他能够取得如此辉煌的成绩，是因为妈妈的一句话：“你用不着跑在任何人后面！”母亲的这句话让他明白了一个道理，那就是一个人要不断地鼓励自我：“我是最棒的！我要做第一！”

6. 潜意识能量巨大，家长要科学开发

每个人潜意识中蕴藏的能量都是巨大的，家长要正确引导男孩开发他的潜意识。

人的大脑意识分为意识、下意识和潜意识三个层次。其中，意识可以被人们所感知，比如想读书便拿书本来；下意识是人们不自觉中形成的，比如喜欢读书的人并没有明确地想读书，但他一走进书房便情不自禁拿起了书；潜意识是潜藏于一般意识之下的神秘力量，尽管人们还不可以明确感知它，认识它，不过它确实存在，并顽强地指挥着人的行为。

潜意识的作用是巨大的，下面的例子便是最好的证明。

有两个人一起到医院看病，其中一位真的有病，而且患上了严重的肺病，于是医生给他拍了片子；而另一位原本没病，却疑神疑鬼，非让医生给他拍片子。在片子洗出后，他们两人的片子在往病历档案里装的时候不巧被弄反了。

有病的人看到片子时认为自己的病已经好了，于是心情十分轻松愉快，觉得自己是个健康的人，从此快乐地生活。一年之后，他到医院去复查，果真一点病也没有了。而那位没病的人看到肺部有大量病灶的片子，情绪更加沮丧，每天郁郁寡欢，惶惶不可终日，觉得自己离世的日子越来越近了。结果没到一年，他真的因病去世。

当意识通过下意识告诉潜意识“我没病”时，潜意识便调动身上的潜能向病灶进攻。正是潜意识的巨大力量，使得病人战胜病灶，成为名副其实的健康人。

当意识通过下意识告诉潜意识，自己正患病且特别严重时，潜意识便组织身体各部器官撤退，把病灶引入体内，使原本健康的人变成了名副其实的病人。

如果家长重视对男孩潜意识的开发，他储蓄的记忆功能便会得到有效提高，为他的聪明才智开辟广阔深厚的基础。为了更有效率地提高潜意识储蓄功能，父母可以通过采取重要资料重复输入、重复学习等一些辅助手段帮助男孩进行储存。另外，通过建立看得见的信息资料库——分类保存图书、剪报、笔记、日记、现代的电脑软盘等等，也会协助潜意识为男孩的创造性思维服务。

由于潜意识不能分辨是非曲直，不论好坏统统吸收，经常跳过意识直接支配人的行为，形成人的各种心态，因此，潜意识既会导致成功，也会招来失败。父母要训练男孩努力开发利用有益的积极成功的潜意识，严格控制可能导致失败消极的潜意识。

潜意识的作用很大，父母应经常让男孩向潜意识输送“我能行，我能成功”的信息指令。相信通过一段时间的努力，男孩会一点点进步，成绩一定会好起来。只要男孩充分利用好潜意识，就会信心百倍地学习，加上科学的学习方法，一定能获取成功。

7. 学会观察事物，更易洞察人生

巴斯德曾经说过：“在观察的领域中，机遇只偏爱那种有准备的头脑。”事实上，被称作天才的人，他们的智力也很平常，只不过他们往往以一种非习惯式的方法来观察周围的事物。对于男孩而言，从小就应该善于观察。

历史上，成功人士之所以能够取得辉煌的成就，与他们优良的观察力不无关系。意大利科学家伽利略发现钟摆的定时定律，最初便是从观察教堂里吊灯的摇曳开始的；瓦特研究出蒸汽机的基本原理，引发一场深刻的资本主义工业革命，也是从烧开的水顶动壶盖的观察中开始的；物理学家牛顿发现地球引力，是从对苹果落地产生疑问开始的。

进化论的创始人达尔文说：“我既没有突出的理解力，也没有过人的机警，只是在觉察那些稍纵即逝的事物并对其进行精细观察的能力上，我可能在众人之上。”他能够做出卓越的成就，与他从小就注意观察有着非常重要的关系。他从小便热衷于观察各种动植物，他还仔细观察各种花的颜色，并尝试用不同颜色的水去浇灌花以开出不同的花朵。

观察力是人通过眼、耳、鼻、舌等感知器官来面对客观事物的能力。男孩从呱呱坠地的那一刻起，他便开始观察周围的世界。他学习知识首先要从观察开始，哪怕是间接地从书本上获得知识，也是与眼睛、耳朵等感官的观察活动离不开的。调查表明，很多男孩成绩不理想的原因便是他们的观察力极差，这会使得他们的思考能力和判断能力不强。所以，培养男孩的观察能力至关重要。

一位男孩经过仔细观察一块砖头，写了一篇观感日记："一块砖头，长不过一尺，宽不过半尺，厚不过二寸，有棱有角。建筑工作用它盖豪华的酒家，它不会趾高气扬；用它修厕所卫生间，它不嫌臭；把它铺在马路上，让汽车在上面行驶，人们在上面践踏，它从不喊苦叫累……砖头是平凡的，是伟大的。"男孩善于思考，把砖头比喻成了人，用评价一个人的眼光来评价这块没有生命的砖头，悟出了一个平凡的人也可以成为一个伟大的人的道理。所以，父母在平时就应该鼓励男孩多提问，问父母或者向老师请教。只有经过不断地观察，以探索的心情去寻求答案，才会牢牢抓住事物的本质，对获得的材料进行综合分析，得出科学结论。

父母让男孩观察事物，要有一定的顺序：应该从简单到复杂，观察的范围从小到大，观察的时间从短到长。只有按照一定的计划指导孩子观察事物，他们的观察能力才会提高得很快。例如，父母可以鼓励男孩亲自种植一盆花，让他每天观察花的变化，并坚持每天写观察日记。同时，父母还应不断给以指导。这样的话，男孩就会在观察过程中充满兴趣，观察的内容就会更加丰富，效果就会更加明显。

培养男孩观察的习惯，首先要让他们明确观察的目的所在。很多时候，男孩观察仅仅是出于好奇，喜欢凭自己的兴趣观察那些感到好奇的事物。事实上，男孩观察目的越明确，他的注意力就会越集中，观察就会越细致，效果就会越好。

另外，培养孩子的好奇心也是十分重要的。物理学家李政道博士曾经说："好奇心很重要，要搞科学离不开好奇。道理很简单，只有

好奇才能提出问题，解决问题。可怕的是提不出问题，迈不出第一步。”男孩对周围的事物的好奇心越强，他就会越具有探索的眼光。

8. 培养男孩的探索精神，为他增添无穷动力

创新是社会发展的关键，探究是社会前进的动力。要想让男孩在实践中迸发出智慧火花，就必须引导他进行有价值的探索活动。

不论是家长，还是老师，要积极引导男孩进行探究，进行学习思维的训练，让他们能够不断在思维碰撞的探究中萌发创新意识，启迪创新思维，开拓出创新方法。

平时人们使用的黑板在擦拭时容易造成粉尘污染，对老师和同学们的健康构成了威胁。有一位学生经过自己的研究，设计了一种黑板，可以使粉尘在内部就被“消灭”，其特点是将原先固定的黑板变为卷动收藏，在卷动过程中，擦掉黑板上的字迹，从而减少或消除粉尘污染，保护了学生的身心健康。

在俄国的一座城市，那里的居民形成了一种随意丢弃垃圾的坏习惯。因此，城市大街小巷，即使有垃圾桶，垃圾也是被到处乱扔，整个城市一片混乱。尽管政府专门成立环境整治部门进行整治，可是仍然收效甚微。街道上依旧到处都是垃圾，卫生局局长为此感到十分气恼，可又无能为力。然而过了一段时间，居民们竟然都喜欢把垃圾扔进垃圾桶里了，街道上的卫生状况得到了彻底的改变，这个城市变成了一座美丽的花园城市。

这座城市的卫生状况得到如此大的改观，得益于一个小伙子的妙计。当他发现居民不喜欢往垃圾桶里倒垃圾之后，他便设计了一种电动垃圾桶，桶上装有感应器，当垃圾被丢进桶里，感应器就会启动录音机，播放事先录好的不同的笑话。这样，当人们把垃圾扔进垃圾桶里，当时就能听到垃圾桶讲笑话。小孩子们更是爱到垃圾桶那儿倒垃圾，不仅自己笑得肚子疼，还会把这些笑话讲给其他的小朋友听。

人世间，每一把锁必有与之相配的一把钥匙，只有找对钥匙，锁才能被打开。因此，男孩在分析问题时，就要在现实中善于分析，找到问题的症结所在，抓住最实质的东西，有针对性地进行探索，这样问题才能迎刃而解。

男孩要想学会创新思维，平时就要多多观察，让自己对身边的事物有深刻的洞察力，不能以放任自流的态度对待身边的小事。或许美丽而又古怪的幸运天使就藏在人们所不注意的角落里，稍有不慎便和人们擦肩而过，让人独自扼腕叹息。

培养男孩的探索精神与创新能力，就要让男孩有更多的动手机会。只有手脑并用，在实践中摸索，才会有灵感的火花，才会促进思维发展。这是引导男孩主动参与探究知识过程的关键，也是充分发挥男孩主体作用的落脚点。

只有在实践中让男孩提出一系列具有一定探索意义和开放性的问题，才会使他们有比较充分的思考时间和空间，培养他们乐于钻研、善于思考、勤于动手的习惯，让他们有机会在不断探索与创造的氛围中发展解决问题的能力。

另外，要让男孩学会和别人交流，与别人合作。在学校可以成立小组合作学习，有助于他们之间的互动，有效地促进他们共同提高，一起进步。

9. 想象是创造的基础，开发男孩的思维

想象力是男孩智力不可或缺的一部分，聪明的父母会以赏识的态度为孩子插上智能的翅膀，让男孩早日迈开向成功进军的第一步。

男孩时常会冒出一些奇怪的想法和念头，在成人父母的眼中，这些想法会很荒唐，离谱甚至荒谬。其实这是培养孩子想象力的绝好机会，因此父母应该赏识和鼓励男孩，培养他们的想象力。

达尔文是进化论的奠基人，他提出了生物进化论，推翻了神造论和物种不变论，为人类的发展做出了不可磨灭的贡献。然而他一切辉煌成就的取得，和他儿时奇特的想象力是分不开的。

达尔文小时候，同学们并不喜欢他，因为他们觉得达尔文经常在“说谎”。当他捡到一块怪异的石头，他会对同学们说：“这是一块价值连城的宝石。”这会使同学们哄堂大笑，然而他毫不在意，依旧坚持自己的观点，发表一些异类的意见。后来，老师把达尔文的问题反映到他的父亲那里。当他的父亲听说这件事后并不在意，而是认为儿子在进行丰富的想象。

有一次，达尔文在泥地里捡到一枚硬币，他对姐姐说：“这是千载难得的一枚古罗马硬币。”姐姐拿过来一看，只是一枚普通的旧币，只不过它年久受潮，已经生锈了，所以显得有些旧。姐姐把这事告诉了父亲，希望父亲能好好批评弟弟，让他能改掉令人讨厌的“说谎”习惯。父亲却表扬达尔文说：“我怎么能责备你呢？你的想象力真伟大。”

当时，人们都以为父亲实在是在纵容达尔文，觉得他长大后一定是一个谎话连篇的人。谁也不会想到，这个曾经“说谎”的人，在父母的鼓励与赏识下，竟然成为了伟大的科学家。父母要想培养男孩的想象力和创造力，应从以下几个方面努力：

（1）父母不能用成人思维教育男孩。男孩的想象力是非常丰富的，他们有和成年人不一样的好奇与想象力。尽管他们的想法会很幼稚，但其想法充满着无穷的想象力。因此，父母应保护孩子的想象力和创造性思维，不能用成人思维来教育男孩。

在成人眼中，男孩的想法或做法会很离谱，有的家长便会不问青红皂白横加指责。他们的这种做法是错误的，这时家长所应做到的是理解并鼓励男孩，对他们进行合理引导，让他们敢想敢说。

（2）父母应赞赏男孩的想象力。父母要相信，每个男孩都有可能成为天才，而让他们成为天才的最好方法便是赏识他们。只有通过赏识，男孩身上的巨大潜能才会得以发挥，他们的创造力才会更加丰富。

当父母发现男孩的创新意识时，应给予更多的赏识和鼓励。当男孩产生奇特的想法时，父母应让他们大胆说出来。只有让男孩敢于幻想，敢于创新，让他们发表自己的见解，他们才会异想天开，大胆联想，有利于将来的发展。

（3）父母要多启发男孩的思维。要想让男孩头脑中有更多的想象，他们就必须有更多想象的资源。因此在日常生活中，父母就应该经常启发男孩，让他们多观察，多记忆一些形象具体的东西。每逢节假日，父母应该带领男孩去博物馆参观。如果有条件的话，父母还可以和男孩到各大名胜古迹去游览，比如北京的颐和园、故宫、长城，西安的秦始皇陵兵马俑等等。只有让男孩多长见识，他们的头脑中才会累积更多的表象来源。另外，父母应鼓励男孩通过写日记的方式将自己的所见所闻所想记录下来，让它成为他们人生成长的宝贵材料。

（4）父母要鼓励男孩讲故事。为了锻炼男孩的口才，父母应该让

男孩有机会把自己所听的故事讲述一下。有时还可以让男孩自己编故事，这既锻炼了他们的表达能力，还会发挥他们的想象力。

在讲故事的过程中，男孩会出现口吃等小毛病，这时父母不应冷言冷语，更不应随便阻止，而应适时地给以赞扬，指出不足之处。有机会的话，父母还可以将男孩编得好的、讲得好的故事记录下来，让他日后不断修改，这样的话，男孩的想象能力就会越来越强。

（5）父母要支持男孩参加课外活动。除了学习书本知识，父母还应让男孩学习书法、美术等。不过这要根据男孩的兴趣，每一种兴趣活动都有大量的形象化的事物进入男孩的脑海，这会极大程度地提高他们的积极性，使他们的想象力突飞猛进地增长。

10. 劳动有益体智，培养男孩的劳动兴趣

对于男孩，父母不能从小娇生惯养，而应让他经常参加劳动，接受锻炼。只有从小培养他热爱劳动的习惯，他才会有强健的身体。并且，劳动能够自然促发男孩思考和创新的能力，使他知道生活的艰辛。

朱德同志为了纪念自己的母亲，特意写了《回忆我的母亲》一文。文中他阐述了自己从小参加劳动对他终生的影响。四五岁时，朱德便开始帮助妈妈做事，到了八九岁，他不仅能够帮助妈妈挑东西，而且还会下地种田。每当放学回家，朱德总是悄悄地把书包一放，然后就帮助妈妈去挑水或放牛。朱德在文中深情地写道：“我应该感谢母亲，她给了我与困难做斗争的经验。我在家庭生活中已经饱尝艰苦，这使我在以后的生活中再也没有感到过困难，没有被困难吓倒。母亲又给了我一个强健的身体，一个勤劳的习惯，使我从来没有感到过劳累。”由此可见，劳动将会对人的一生产生重要的影响。

事实胜于雄辩。对男孩进行劳动教育，要落实到实际，不能仅仅停留在口头。

家伟平时在家中从来不做任何家务，到了学校他也总是躲避大扫除等集体劳动。当老师把这个问题反映给他的父母时，家伟的父母意识到平常忽视了孩子的劳动实践，于是，他们便想方设法要让家伟改变这种不爱劳动的习惯。

暑假到来了，父母特意带家伟参加一个野外生存训练的夏令营活动。在野营中父亲为了锻炼他的独立性，不再照顾他，任何事情都让他自己来。由于平时不爱劳动，在这次野营活动中家伟尝尽苦头，而其他同伴由于平时多参加劳动则显得轻而易举。这时家伟才深刻意识到，自己的生活自理能力和劳动能力实在是太差了。从此以后，家伟一有空便主动要求父母让他多做一些家务。经过一段时间的劳动实践，家伟对劳动不再厌恶，反而产生了热爱的倾向。

为了让男孩乐于劳动，在日常生活中，父母要注重让男孩参加劳动实践，做他们力所能及的事情。比如，可以让男孩学着收拾饭桌、洗碗，让他自己洗衣服。遇上节假日，还可以让他帮助拖地、倒垃圾、购买日常生活用品等等。

为了让男孩形成热爱劳动的好习惯，每天让他做定量的劳动是十分必要的。一般小学生每天要劳动20～40分钟，中学生则是每天30～50分钟，这是参考标准，具体可根据男孩的功课情况来调节。切记，劳动不能超出男孩所应承受的能力。要从简单到复杂逐渐过渡，不要一次性给孩子太多的活，超出孩子的能力范围。切不可刚开始就让孩子去做难度比较大的劳动，这样会打击男孩对劳动的兴趣。

父母要让男孩懂得自己是家庭中的成员，有责任承担一定的家务。他不仅要做到自己的事情自己干，而且应该帮助父母做一些力所

能及的事情。父母让男孩参加劳动，要让他觉得这是他应尽的义务，不能把劳动作为惩罚男孩的手段，也不要过分用物质或金钱来强化孩子的劳动。要多鼓励，多表扬，给男孩的劳动多做具体的指导。同时，父母还应尊重男孩的劳动果实，这样会让孩子从劳动中获得快乐，让他养成爱劳动的习惯。

任何事情都要讲究一定的方法，劳动也需要一定的技能。父母要在劳动的过程中教给孩子一些劳动的程序、操作要领、方法和技巧。比如男孩做饭时，父母要教会他做饭的程序，放多少水、煮多长时间等等。当男孩洗衣服时，父母要告诉他先将脏衣服按颜色分类，比如深色、浅色、白色几类。如果使用洗衣机，父母还要教会他如何使用。只有父母做示范，男孩才会逐渐掌握劳动程序，懂得劳动技巧，最终掌握劳动技能，做起事来游刃有余。

11. 有兴趣是好的，家长要善于引导

兴趣是最好的老师，它可使男孩的智能得到最大限度的发挥。如果男孩做自己感兴趣的事，他就会聚精会神，全力以赴；相反，如果父母要求男孩放弃他感兴趣的事情，做一些他不喜欢做的事情，男孩一定会对父母不满，与父母发生冲突，不利于他的发展。

现代社会竞争日益激烈，有的父母为了让自家的男孩成为全才，在课外之余安排孩子的学习内容时常常盲目跟风，要求男孩学习舞蹈、钢琴、绘画、书法等等。家长投入大量的精力与财力，却没有真正考虑男孩的实际兴趣和爱好。特别是有的父母在为孩子选择兴趣爱好时功利心过强，他们坚持一个原则：只要对孩子考试、升学有关的，就一律盲目支持；对孩子真正喜欢却不符合父母标准的，就一定加以制止、否定。

每当新学期一开始，很多家长便千方百计想让自家的男孩学得更多，将男孩的双休日、节假日都安排得满满的。其实，让男孩多学点知识有益于他们的成长，父母的出发点是好的。然而，家长根本不顾及男孩的感受，只是把自己的意愿强加给男孩，让男孩学得十分吃力，十分辛苦。

男孩好像各种各样不同的树苗，有的像松柏苗，有的像杨柳苗，有的像榕树苗，不论是什么树苗，他们都可以长成各种各样的材料。因此，父母的责任并不在于强迫孩子学这一样，不学那一样，而是应该多给孩子一些自由宽松的空间，让他们自己去选择感兴趣的、喜欢的事。

有的男孩喜欢动手操作，搞一些小制作。父母会觉得这根本与学习无关，便加以阻止，限制他们，不准他们做。其实．在这过程中男孩也需要动脑，不懂时他们会去查阅有关的资料和书籍，在无形之中便会学到不少新的知识。

很多男孩很小便对学习不感兴趣，其实他们不喜欢学习的原因非常复杂。如果家长加以探讨，就会发现实际上并不是孩子不喜欢读书，而是某种因素导致的，如上学被老师批评了，读错了字遭同学的讥笑，想看电视却被迫写作业等等。这些原因逐渐在内心堆积起来后，男孩就渐渐地对学习失去了兴趣。

父母所应该做到的是和男孩自由沟通，了解他不喜欢读书的原因。这时，父母要让男孩敞开心扉，无话不谈。孩子什么话都可以说，不管他的理由多么可笑，父母也不可责骂或取笑。当孩子把不喜欢读书的理由都说出来之后，孩子自己就会发现他不喜欢学习的原因并不是学习本身，而是被老师批评了，被讥笑，想看电视等与读书学习有关的环境。

父母了解了这些后，便可以对症下药，恢复孩子对学习的兴趣。

要想激发男孩的学习兴趣，父母可以引导男孩将新知识和他原有的兴趣联系起来，让男孩对新知识产生兴趣。

有的男孩一提写作文就头疼，事实上，这与男孩自己的亲身经历有关。很多事他们没有经历过，没有切身的体会，但又不能不写，于是只好这本作文书抄抄，那本作文书抄抄，真的找不到可以抄的时候，就马虎写几句来应付，成了真正“作”出来的作文。但像刚才提到的小孩，他喜欢动手操作，如果家长又支持他，并为他提供有关书籍，他看得多了，做得多了，真的要他去写，那他写的时候就得心应手了，写出来的文章也必然较具体、真实，有血有肉，他会把自己的制作过程，把自己获得成功的喜悦，遇到困难时怎样想办法克服等等，都具体地写出来。

12. 每个男孩都有特质，父母要做好启蒙和引导

男孩在成长的过程中难免有困扰成长的难题，这时父母便是孩子人生的启蒙老师，应该开导男孩，让他们在迷茫中找到出路，在犹豫中作出决定。每个男孩都有特质，如果开发得好，哪一个男孩都能有所成就。

牛仔衣是当今年轻人的钟爱，其中斯克劳斯与戴维斯是备受青年男女喜爱的品牌。在它们的创始人斯克劳斯和戴维斯的身上，有一段鲜为人知的故事。

斯克劳斯的母亲是个裁缝，斯克劳斯从小受到母亲的影响，十分喜欢时装。由于他的家庭十分贫困，没有多余的布料来训练他的手艺。于是，他经常捡来母亲裁剪后的布角，将它们东拼西凑，做成各式各样的小人衣服。

有一次，小斯克劳斯将家中父亲搭建的凉棚的棚布撤下，用它制成了适合自己穿的一件衣服。由于这种粗布是专门用于盖棚用的，一般人从不会拿它来做衣服。而小斯克劳斯竟然冒天下之大不韪，穿着用粗布做的衣服大摇大摆走在大街上，街上的人都觉得很可笑。

斯克劳斯的母亲发现儿子的爱好后，便带他去向当时著名的时装大师戴维斯请教，希望儿子将来也能成为像戴维斯一样成功的时装设计师。当时斯克劳斯仅仅刚满18岁，当他来到戴维斯的时装设计公司时，他也将那件自己设计的粗布衣服带来了。公司的其他人看到这件做工粗糙的衣服后都不以为然，唯独戴维斯却十分欣赏，将斯克劳斯留了下来。

在戴维斯的鼓励下，年纪轻轻的斯克劳斯开始尝试用粗布设计衣服。开始，人们对这种类型的衣服并不感兴趣，因此这些衣服大量被积压在仓库里，无人问津，有时连戴维斯都对自己收留斯克劳斯的决定产生了质疑。不过，斯克劳斯的坚持感动了戴维斯，他决定一直支持斯克劳斯。有一天，斯克劳斯突发奇想，决定把那些粗布衣服运往劳工众多的非洲，他想那里的人们一定会喜欢这种布料的衣服。由于那种粗布价格低廉耐磨，果然受到劳工们的热烈欢迎。那些衣服很快就被销售一空，斯克劳斯迈向了人生成功的第一步。

自此以后，斯克劳斯更加坚定了自己的信心，他根据布料的特质，设计成了适合旅行者穿的不同款式，受到了旅行爱好者的一致好评。后来，随着粗布衣的不断发展，人们发现用粗布做成的衣服穿在身上不仅很舒服，很随意，而且可以不分季节，任何时间都可以穿。不久，斯克

劳斯设计的粗布衣受到人们的青睐，人们给它起名为“牛仔衣”。

如果没有母亲的发现，或许斯克劳斯的人生理想便不会实现，人们便不会见到款式别样的牛仔衣。因此，母亲的指引对斯克劳斯成就的取得起到了不可估量的作用。现实中，父母的引导将会决定男孩的一生。很多家长教育男孩，总是将自己的意志强加在孩子身上，让自己的想法成为孩子成长的负担。事实上，直接灌输给孩子自己想法的家长只会事倍功半，孩子在无形之中像是被牵上了一条绳子，束缚着他们的一言一行。比如，男孩喜欢学文学，可是父母觉得学习理科有前途，执意让孩子选择自己并不喜欢的理科，就是这阴差阳错改变了孩子的一生。孩子原本对理科不感兴趣，结果只能是为了迎合父母上了自己并不喜欢的课，选择了自己并不情愿的道路。因此，父母那种让孩子变成自己理想中的模样的教育方法既违背了客观规律，又葬送了孩子的一生，真可谓得不偿失！

著名画家达·芬奇的父亲彼特罗是一位让人敬佩的好父亲，他所提倡的教育理念便是给孩子最大的自由空间，让孩子发展自己的兴趣。正是这样一种开放的教育方式，为达·芬奇后来辉煌成就的取得奠定了基础。

达·芬奇刚刚上学时，父亲发现他对绘画非常感兴趣。有一天，达·芬奇上课时没有认真听讲，他利用上课时间给老师画了一幅速写。回到家后，达·芬奇给父亲看了自己的杰作，父亲看后非但没有生气，反而表扬他画得很好，决定培养他在这方面的才华。由于父亲的支持，达·芬奇全身心地投入到自己热衷的绘画中去。有一次，他还特意画了一张恐怖画来吓唬老爸。原来，他在自家的盾牌上画了一个两眼冒火、鼻孔生烟的女妖头。为了制造恐怖气氛，他还专门关紧窗户，只让一缕光线照到女妖头的脸上。父亲回到家后，果然被盾牌上的画吓了一大跳。当他听达·芬奇解释的时候，他并没有责备儿子，相反，他还对画津津乐道。后来，父亲让达·芬奇拜画家维罗奇奥为师，开始专业的训练。在老师的指导下，达·芬奇学习认真刻苦，他的进步也十分飞速，最终他成为了蜚声世界的大画家。

因此，家长要向达·芬奇的父亲彼特罗学习，给孩子一片自由发展的天空，让他们自由在空中翱翔。只有对孩子进行正确引导，他们才会像一棵在阳光下的幼苗茁壮成长。

父母是男孩一生的引导师。当男孩决定一生的选择时，父母应该给他以正确指点，理智抉择。因为男孩的人生经历浅，有时会难以对复杂的事物进行判断。父母应该帮助他分析利弊得失以及轻重缓急，让他懂得如何选择适合自己发展的道路，让他明白要根据自己的兴趣爱好来进行人生的取舍。只有在父母的指引下，男孩才会度过人生的阴霾，告别暂时的不快，迎接人生的阳光，创造生命的奇迹。

13. 望子成龙心切，不利男孩成长

家长对男孩有两种极端的心理：一是忽视；二是期望太切。忽视则任其像茅草一样自生自灭，期望太切不免揠苗助长，反而促其夭折。所以，合理的教导是解除男孩痛苦、增进男孩幸福的正确途径。

当今社会，父母期望男孩成为社会的有用之才无可厚非，但是如果家长期望心切，就会成为社会的一种病态，会增加自己的烦恼，增加男孩的压力，影响男孩的健康发展。因此，家长对子女的期望应该

符合实际，不能急于求成。

一项调查显示，某市市区和郊区一共有57.8%的父母要求孩子“样样争第一”。77.9%的父母希望自己的孩子达到大专及大专以上学历；对于孩子的职业，91.8%的父母希望自己的孩子从事脑力劳动。由此可见，父母对孩子期望值过高是十分普遍的现象。

父母们对男孩疼爱有加，寄予期望，这是合情合理的事情。然而如果父母的期望标准与社会需要和男孩身心发展相背离，对男孩期望过高，让孩子觉得目标可望而不可即时，就会导致拔苗助长。

10岁的小杰是家里的独生子，也是父母的掌上明珠。父母希望他能够在各方面都非常出色，为他设立了非常高的标准。在学校里，他要进行正常的学习和活动；课余时间，父母还给他增加了许多课余的活动，如拉小提琴、练体操以及其他儿童活动。父母要求他在所有活动中都成为最优秀的，而小杰也不负父母厚望，无论是在学校还是在地区活动中，他都被认为是难得的优秀孩子。但是在他的生活中，却有一些令人无可奈何的状态。比如：他对别人的评价非常敏感，略有微词便情绪低落，而且在行为上，经常有神经质的表现。另外，他也不像其他同龄孩子那样尽兴地说笑和玩闹，似乎很受压抑……

通过上面的小故事可以看出，小杰的父母对小杰的要求过严，期望过高。这样做的严重后果是不利于他的正常发展。在父母的高期望值下，小杰从小形成了处处好胜的习惯，因为在他眼中，要想获得父母的赞赏，自己就必须出类拔萃，能够脱颖而出。只有达到父母的要求，他在父母的眼里才有地位，才会变得重要。但是，在父母的高要求下，他失去了一个儿童所应该享有的天真和无忧无虑的生活，这不能不让做父母的深思！

由于每个男孩有不同的潜质，他们的兴趣、潜能未必与父母的理想模式相吻合，因此，男孩的发展往往就与父母的目标产生了一定的差距，有些孩子的发展方向甚至与父母的期望相违背。过高的期望让孩子背上了沉重的心理包袱，给孩子造成了巨大的心理压力。有的父母根本不考虑男孩的智力水平，盲目地为孩子设置过高的期望与要求，当孩子虽然经过努力还是不能实现目标时，孩子会因不能达到父母的要求而自惭形秽，对自己的能力感到怀疑，从而动摇自己的自信心。虽然在很多情况下，父母的期望也可以成为男孩奋发向上的动力，但过高的期望会成为孩子肩上沉重的压力。

父母对男孩的期望要把握好“度”。正确把握对孩子的期望，要经常表扬男孩，鼓励他的进步，会使他充满活力，并且产生要多做一点的欲望。父母要想使期望成为现实，就应该激发孩子的动机，让他把期望化为自身发展的内在动力。如今的男孩，大都生来就享受着众多成人给予的关爱。在这样的生存环境中，他们会形成一种被动的习性，总是习惯于等待外来的指令和安排，而真正源于他们内心需求的动机却显得相当缺乏，这会导致他们主动性与创造性水平低下，甚至还会产生逆反心理。

由于男孩的自我约束能力差，作为父母，给孩子提出一定的要求是十分必要的，这样可以使他们不断进步。不过，要求和期望应该现实一些。对于基础差的男孩，父母就不要定过高的目标。如果孩子觉得自己和这个目标差距太大就会丧失信心，产生自卑。日久天长，对孩子的一生都会有严重的不良影响。

天下父母没有一个不是爱自家的男孩的，他们都希望自己的孩子能够健康快乐地成长，因此父母要保持平和的心态，适当降低对孩子的期望值，减少他们的压力。为了让男孩茁壮成长，父母要根据实际情况和男孩一起制订合适的奋斗目标，激发他的潜力。

第五章

男孩贪玩，重点培养他的学习兴趣

“书山有路勤为径，学海无涯苦作舟。”吃得学习中的苦，才能熬成社会中的人。男孩大多贪玩，因为玩乐能给他们带来乐趣。同时，男孩大多厌学，因为学习让他们感到枯燥无味。当学习成为他们的兴趣时，男孩厌学的问题就自然解决了，因为他们将会像贪玩那样变得贪学。至于如何培养学习兴趣，方法有很多，关键要能让男孩从中体会到乐趣。

1. 使男孩明白为什么要学习要比逼他去学更重要

巴甫洛夫说过："目的反射是我们每个人生命力的基本形式。"目的是一切实践活动的出发点和归宿，一切实践都是为了一定的目的，一切成功都是实现了一定的目的。因此，明确目的对于成功起着关键的导引作用。对于一个男孩来说，让他知道学习的目的，明白学习对他的重要性，他就会自主地学习，这种方式远比逼着他去学习要好得多。

只有明确目的，男孩才会觉得学习是自己的事，才能变"要我学"为"我要学"，才能不需逼迫，不待劝勉，自觉、自愿、自动地学习。

有一个人来到了天堂的叉路口，他不知道自己前往何处，于是他问天使："我走哪条路好？"这时，天使并不知道他的目标，反问他："你要到哪儿去？"一个人只有锁定目的，才能决定走哪条路，怎么走法。没有目的就无所谓路，也无所谓路的好坏，走法的好坏。总之，没有目的一切都只能是空谈。

提及学习目的，通常可以分为以下几种：为应试而学，为素质而学，为大成而学。

当今教育应试的味道太浓，衡量一个学校如何，家长看重的是学校

的升学率；衡量一个学生如何，家长注重的是学生的分数，只要分数高就可“一俊遮百丑”。父母衡量男孩学习的效果不是注重他的学习过程，而总是以分数为尺度。考试的分数高，父母便觉得孩子学习好，从来不去关心他的学习方法。家长的目的，就是希望儿子小学毕业考一个好初中，初中毕业考一个好高中，高中毕业考一个好大学。至于男孩的个人喜好、擅长项目，一切免谈。只要考上好中学、考上好大学，便是父母的光荣。父母很少对男孩讲将来要做一个什么样的人，将来为社会做多少贡献。在家长眼中，这些都是空话大话，结果孩子注意的都是近期目标，普遍缺乏理想和信念，认为学习的目的就是考试，就是升学。

其实，学习归根到底是为了素质，这要比为应试而学高明得多。男孩之所以学习，不应仅仅是为了考取高分，获得文凭，而是应该为了全面发展，提高自身的素质。如果为素质而学，在素质提高的同时，成绩自然而然会提高。

斯宾塞曾经说：“养花的为了花而培养一株植物，他承认根和叶的价值主要在于有了根和叶才会有花。”同样的道理，果农种果树是为了树结果，他的一切努力都是为了树更好的结果，他承认根、叶和花的价值主要在于有了根、叶和花才会有果，如果叶、花过多妨碍更好的结果，他会毫不吝惜地去掉一些叶和花。

我们承认素质的价值，是因为培养素质才能获取成功，素质的价值完全由成功来体现，培养素质应完全以成功的需要为转移。因此，根本的学习目的，应当是获得成功，最优化的学习，则应是为了获得大成。

最优化，是为了获得列宁所说的“最大、最持久的结果”，不以大成为目标，不去追求大的成功，怎么可能取得最大、最持久的结果呢？

中国古人早就指出了“取法乎上”的道理：“取法乎上，仅得其中；取法乎中，仅得其下。”目标必须高远，必须取法乎上，在学习上必须以大成为目的。

人才学对人才的界定是“以创造性的劳动，为社会做出一定贡献的人”。贡献是衡量人才的尺度，而贡献取决于成功。不管什么贡献，都必须依靠成功。没有成功，就没有贡献，就不是真正的人才。要使自己真正成才，必须以事业上获得成功为学习目的。要使自己更好的成才，为社会做出大的贡献，必须以事业上获得大的成功为学习目的，为大成而学。

为大成而学习，看似简单的一句话，却有着深刻内涵。明确了为大成而学习，就会使所学的内容更精当，所得效益更大。

2. 男孩厌学别着急，学习兴趣也可以培养

厌学是男孩上学时十分普遍的习惯。只有社会予以关注，家长予以重视，男孩才会迷途知返，逐渐恢复对学习的兴趣，克服厌学心理。

厌学，顾名思义，是指学生主观上对学习失去兴趣，产生厌倦情绪和冷漠态度，并在客观上明显表现出来的行为。由于种种原因，很多当代男孩产生了厌学心理。一项调查资料表明，厌学症是目前学生诸多学习心理障碍中最普遍的问题，是青少年最为常见的心理疾病之一。

从心理学角度讲，厌学症是指学生消极对待学习活动的行为反应模式，主要表现为学生对学习认识存在偏差，情感上消极对待学习，行为上主动远离学习。患有厌学症的学生往往学习目的不明确，对学习

失去兴趣；不认真听课，不完成作业，怕考试；甚至恨书、恨老师、恨学校，旷课逃学；严重者一提到学习就恶心、头昏、脾气暴躁，甚至歇斯底里。厌学症对青少年的生理、心理健康具有极大的危害性。

经过一系列的调查，专家发现男孩厌学绝大多数是缘于非智力因素。其中，家长的教育方法不当是主要原因。小学生特别是低、中年级学生，家庭教育很大程度上会影响他们的学习兴趣和学习动机，父母的主导倾向以及对孩子的期望和要求，往往会决定孩子愿不愿意学习和怎样去学习。家长在教育孩子的过程中，不是过分溺爱孩子，放任自流，就是要求过严，对其态度粗暴。

华军是小学一年级的学生，他的父母平日经商，工作起来十分繁忙，往往抽不出时间来管教孩子。所以，平时他上下学，总是爷爷奶奶来接送。华军活泼好动，上课注意力不集中，不愿意写作业，学习成绩老是跟不上，对于生活中的小常识也一无所知，生活自理能力极差。老师几次三番要求家长来学校，希望家长予以重视，可是华军的父母总是以工作繁忙为借口推辞。父母对他放任自流，奶奶对他过分溺爱，导致他缺乏责任心与自制力，上课自由散漫，独立性较差，时间一长，老师便会不重视他。他的学习自然而然会跟不上，他落下的功课会越来越多，逐渐形成了恶性循环。

李亮是华军的同班同学，他学习成绩比较优秀，一直担任班级学习委员。在学校他是老师心目中的“尖子生”，在家中他是父母的掌上明珠。然而，他的父母对他的期望过高，要求过严，也导致他的厌学。父母要求他的每门功课必须在95分以上，如果考了94分，父母便会非常不满意，对他严厉批评。至于他的业余爱好，父母也抓得很紧，要求他“琴棋书画”样样精通，他回家一有空就要勤学苦练，稍不用功就要受皮肉之苦。在父母的严厉管教下，李亮的心理压力很大，学习丝毫不怠慢。紧张的学习使他疲惫不堪，对学习逐渐产生了厌倦，成绩明显下降，尤其对考试产生了恐惧。

父母的过分期望和粗暴的惩罚手段，让原本优秀的李亮对自己要求过高，结果疲于奔命，叫苦不迭，以致造成严重的身心疲劳。在现代的家庭教育中，这样的例子不在少数。

要想有效地矫治男孩的厌学心理，帮助他们恢复对学习的兴趣，需要社会、父母、孩子的共同努力。社会要改善男孩所处的环境，让他们身心愉悦；父母要纠正错误的教育观念，让男孩恢复信心；孩子要培养学习兴趣，正确面对挫折。

社会要营造一种宽松的环境，而这一环境需要社会、家庭、学校之间的相互配合。只有社会鼓励、家长关怀、教师重视，男孩的身边才会有一个重学乐学的氛围，他的学习态度会由厌恶恐惧变为愉悦舒适，会积极主动开始新环境中的生活学习。

父母对子女的要求要适当，对厌学男孩的评价要客观中肯。既不能盲目乐观，也不能过分低估。家长要多倾听，多宽慰，多指导，要给男孩减压，不要过分强调竞争。只有这样，男孩才会自信而不自满，自尊而不自负，自善而不自弃。家长应该认真发现男孩厌学时所表现出来的良好、积极的学习态度和行为，给他正面肯定，并不断强化，让他在前后比较中接受自我，认识到自己并非无可救药，而是能学好的。

3. 男孩学习要有效率，找到方法很重要

效率是学习的关键，哪怕学习方法正确，学习效率过低，也是不

行的。因此，男孩应掌握科学的学习方法，将它真正应用于实际。只有这样，他的成绩才会迅速提高。

有的家长发现男孩学习效率低，怀疑孩子智力有问题，其实这是多虑的。家长要想让男孩提高学习效率，必须找出效率低的原因。造成学习效率低的可能因素有多种，家长在焦急寻找解决办法之前，先要明确孩子学习问题的症结。

（1）时间安排问题。很多时候，男孩学习不会合理安排，从来不在学习前确定目标。比如，要在多少时间里完成多少作业？学习是否常常没有固定的时间？是否常拖延时间以至于作业无法按时完成？学习计划是否只在开头几天有效？一周学习时间是否不满10小时？是否把所有的时间都花在学习上了？

（2）注意力问题。学习时就应该聚精会神，千万不能三心二意，走马观花。家长要注意，孩子注意力完全集中的状态是否只能保持10至15分钟？学习时，身旁是否常有小说、杂志等使他分心的东西？是否常与人边聊天边学习？

（3）学习兴趣问题。家长要观察男孩是否一见课本就喊累，是否喜欢文科而厌恶理科，是否需要在强迫情况下才会学习，是否从未有意识地强化自己的学习行为。只有逐渐培养学习兴趣，男孩才会积极主动学习，学习才不会让家长操心。

（4）学习方法问题。男孩是否经常采用题海战来提高解题能力，是否经常重复多次，死记硬背，是否从未向学习好的同学讨教过学习方法，是否从不向老师请教问题，是否很少主动钻研课外辅助读物。

男孩学习效率低，必须找到并且分析原因。

（1）学习动力。一般而言，学习动力与学习效率成正比。对中小学生来说，学习动力很大部分来自学习兴趣，对学的东西感兴趣，学习就积极主动，不喜欢则千方百计地逃避，即使被家长“看押”着学习，也是敷衍了事，成绩当然不会好。对此类孩子，要在激发其学习兴趣、提高责任心上下工夫。

（2）学习习惯。众所周知，良好的习惯受益终身。一个孩子如果上课不听讲，一边学习一边玩，总是写字潦草，做题马虎……这个孩子的学习成绩一定不会好。培养孩子良好的学习习惯应从一年级开始，如果已经过了这个阶段，就应该加强弥补工作，力求帮助孩子改掉不良的学习习惯。

（3）学习方法。如果学习方法得当，就能融会贯通，举一反三；如果死记硬背，抓不住重点和难点，不能形成知识结构，最后肯定学不好，一点效率都没有。对这类孩子，父母应加强学习方法的指导。

（4）学习环境。有些孩子的学习问题是学习环境造成的。父母无法提供一个有利于学习的空间与时间，会造成孩子学习的低效率。

此外，多动症、身体不适等也可能造成孩子学习效率低。家长应及时找出其根本原因，进行有针对性的指导。

提高学习效率，就要让男孩树立明确的记忆目标。记忆具有指向性。学习中，要记一个单词、一个概念、一条定理、一个公式、一篇诗文，就要让孩子树立“必须记住”的目标，不能有记不记无所谓的应付态度。

家长要指导孩子注意理解，及时复习。理解了的东西容易记住。除了必须死记的材料，如地名、人名、年代等之外，凡有具体含义的材料都应先理解再记忆。人的遗忘规律是先快后慢，因此，在记忆之后的前几天要反复复习，之后滚动复习，能最大限度地减少遗忘。

男孩要懂得科学用脑，合理安排时间。最重要的是指导孩子劳逸结合，不开“夜车”，保证睡眠。不同的功课，可以采取交替学习的方法，使大脑各部分轮流休息。一天中，利用早晨、上午精力充沛时，抓紧学习较难的功课，解决较复杂的问题。

男孩学习要有自信心，充满自信的人记得快，记得多。因此，家

长必须鼓励孩子，让孩子尝到正确方法带来的甜头，一段时间后，就会形成良性循环。可带孩子去书店买一两本记忆方面的书，让孩子读一读，多学些好的记忆方法，并且鼓励孩子总结出适合他自己的记忆方法。

4. 课前要预习，找到重点和难点

只有课前预习，上课学习才会有针对性，效率才会大大提高。所以，男孩必须养成课前预习的好习惯。

“凡事预则立，不预则废。”这句话意在讲不论做什么事情，事先都要有所准备。提及学习，这种准备便是“预习”。预习是一种按照学习计划预先自学教材的学习活动，它是培养自主学习能力的一个重要途径。只有会预习的人，才能渐渐培养起自我学习的能力，才能够进行自我教育。

预习是自学的关键，如果男孩能在课前做好预习，他就会对学习的内容心中有数，有助于提高学习效率和听课效率。虽然预习仅仅是按照书本上的内容进行，然而通过自学课本内容，男孩可以掌握书中的关键内容、思考难点，这既是对思维的一种有效锻炼，又可以让自己熟悉教材内容。

预习的目的是让男孩掌握基础性的知识，熟悉教材。这样的话，男孩在听课时就会有目的性和针对性。对于一时看不明白的问题，可以做个记号，留到课堂上认真听老师讲解，不需要将所有的问题都在预习中弄懂，那样浪费的时间太多，达不到很好的效果。

一般而言，预习可以分为日预习、周预习和学期预习。日预习应该在上课前一天，要分重点和难点，更重要的是要把自己不懂的地方罗列出来。周预习是在每周末，预习时的关键是让孩子对下周学习的内容有个大概的了解，不必过于精细。学期预习是在发下新书后，孩子们对新书感到特别新鲜好奇的情况下进行，一般由父母来指导。针对课本（主要是英语、数学、语文）目录做一个大体的浏览。

通常而言，预习的方法有阅读法与回顾法两种。其中，阅读法的具体步骤是：在预习开始之前，首先要从头到尾朗读或者默读一遍，对新内容进行简单的浏览，了解知识脉络和基本内容，扫清字词障碍，确定基本内容、思路。然后再读一遍，以圈、点、勾、画的方式做批注、摘抄，使预习过的内容重点突出，一目了然，有利于听课时合理分配时间和精力；同时对课文的重点和难点进行思考，争取有一定的理解，减轻听课时的压力。最后把一时无法理解的地方记录在预习笔记本上，留到听课时认真听老师讲解，直到弄懂弄通。这种预习方法，不但对新知识进行了预习，而且还可以理出一条自己知识的水平线，看看自己能独立掌握多少内容。上课的时候，孩子将自己的理解与老师的讲解做一下比较，检验自己的理解是否正确，如果出现错误，就及时找出错误的原因，这样就可以发现自己的不足。

回顾法的具体步骤是：每天在预习新课文前，必须先对已经学过的知识进行复习巩固，发现自己所掌握知识的薄弱环节，然后在已经学过的知识的基础上学习新的内容。在遗忘规律的作用下，学过的知识很可能记不清楚或者忘记了，这样会有学习新知识的障碍，如果缺乏一定的知识基础，对课堂上老师讲的新课就很难迅速理解，进而影响对后面知识的掌握。

课后要复习，不学猴子掰玉米

孔子说："温故而知新。"一个善于复习的男孩，往往能够学到其他人无法学到的知识。所以，复习是学习之母，男孩要经常复习自己已经学过的知识。

复习是男孩学习过程中的重要环节，通过复习，男孩以前学过的知识便可以得到巩固，对知识的了解便可以得到加深，让自己的知识更加条理化和系统化。

张笛平时学习很一般，然而每当期中期末考试的时候，他的成绩总是名列前茅。同学们都会觉得非常奇怪，究竟他学习有什么秘诀。经过了解，原来他有一个自觉复习的习惯。每当他在睡觉前，他总是要总结一下自己当天的学习情况。比如，今天新课主要讲了什么？哪些已经弄懂了，哪些还没有弄懂？没有弄懂的明天继续学习。他总要把当天学过的内容进行归纳和总结，找出知识之间的联系，并用一条主线把它们联系起来，这样，他就能够在想到某一点的时候，把所有当天学习的内容全部回想起来。除此之外，他还把当天学习的内容与以前学过的知识联系起来，找出内在的联系，也串起来。这样，通过一番回想，张笛便把当天所学的知识基本上都消化了。

根据遗忘的"先快后慢"的规律，复习时间的选择是十分重要的。

父母应该让孩子及时复习，使所学知识得到有效的巩固。每天男孩应该复习当天所学的内容，周末可以让他进行小结性复习，一个单元学习完了，就进行单元复习。这样经常性地复习，可以让孩子及时巩固所学知识，避免临考前的突击。需要强调的是，复习时间不宜过长，次数也不能过多，否则会让男孩对学习产生厌倦，不利于复习效果。

孩子在记忆或学习了一些内容之后，应在当天或第二天抓紧一切可以利用的时间和机会复习。具体的复习方法有很多，包括阅读、背诵、做各种各样的练习以及动手操作等。具体采取哪一种方法，应该根据孩子的不同偏好进行。有些孩子偏好视觉记忆，复习的时候就以默读为主；有些孩子偏好朗读记忆，复习的时候就以大声朗读为主。

不同的科目应该采用的复习方法也是不一样的，例如对于整体性、连贯性较强的内容可以采用集中复习的方法，即把所学的内容放在一起复习，比如英语的语法，语文的语法规则等；对于内容比较分散、连贯性不强的，可以采用分散复习的方法，比如语文的词语、英语的词汇记忆等；对于思考性较强的内容，可以以习题的形式加强巩固，比如数学、物理等。

同时，要让孩子学会根据具体条件采用不同的复习方法。比如在一段较短的时间内，可以运用分散复习的方法，学习一些连贯性不强的内容；如果时间和环境比较好，没有干扰，就可以对整体性、连贯性较强的内容进行复习。

复习是对信息的重新编码，机械的阅读、背诵往往比较乏味，容易引起孩子的心理疲劳，降低复习的效果。父母可以指导孩子运用多感官进行复习，采用看、听、记、背、说、写等多种形式。比如，一边看、一边读、一边用手比划等，也可以借助录音带促进学习。有些父母购买一些教育软件让孩子使用，也是一种良好的复习方法。这样不但可以促进孩子复习的效果，而且可以让孩子在复习中得到乐趣，促进孩子的学习兴趣。

良好的复习应该注重知识的条理性和系统性，父母可以教给孩子一些复习的技巧，在复习的时候首先要加强前后知识的联系，应该把每天所学的知识纳入到已经学过的知识体系中，其次是运用一些形象的提纲和图表来促进复习的条理化和系统化。比如，让孩子把数学公式整理出来，看看其中有什么联系，这样有助于孩子全面把握公式，灵活运用公式来解题。第三是让孩子学会把回忆与复习相结合，即让孩子先尽量回忆已学内容，回忆出来的表明还能记住，记不住的，就去翻书复习。例如让孩子背一篇课文，孩子读几遍之后，就让他合上书，从第一句开始让他尽量回忆，实在回忆不出时再翻书看。

6. 学海无涯，阅读要有侧重点

方法是学习的关键所在，父母要想让男孩提高学习效率，教给他们基本的阅读方法是十分必要的。掌握基本的阅读方法，男孩便可以根据自己的喜好尽情徜徉于书海之中，去领略读书的快乐。

精读和略读是阅读最基本的方法。精读往往侧重于理解与领会，要求孩子通过分析相关内容加深对内容的理解。精读时，父母可以让孩子大声朗读，而且不可少读一个字，多读一个字，错读一个字，也不可随意颠倒字词的次序。通过这样的训练，孩子会逐渐对文章产生一定的语感。只要父母鼓励孩子多多朗读，他就会逐渐喜欢上朗读，使其成为今后学习中必不可少的事情。略读则侧重于让孩子快速把握文章的主要内容和某些关键部分。对于孩子而言，由于精力有限，应该运用精读的方法反复钻研文章；其他的书籍则可以采用略读的方法，其目的仅仅是扩大知识面。

另外，在阅读书籍之前，看序也是一种不错的阅读方法，叶圣陶先生常讲“书先看序文”便是这个道理。序文往往是作者对书中内容的简要概括，通过阅读它，书中的内容便会了然于心，对全书有个概括的印象，这样在读全书时就不会茫无头绪。

“熟读唐诗三百首，不会做诗也会吟。”父母可以在业余时间为男孩挑选一些古诗词来背诵。在选择书籍的过程中，最好选择有插图和注释的。通过插图，有利于孩子对诗中的意境有所理解，有利于背诵。如果孩子能够背诵下来，会对他以后有很大的帮助。诗中不少诸如“谁言寸草心，报得三春晖”的经典句子，会为男孩在写作文时积累素材。

边读书、边记笔记，有利于孩子的阅读，加深对内容的理解。边动笔边看书，可以延长集中精力的时间，同时可以增强记忆力。在这一过程中，父母可以教男孩用线段或者符号把自己特别感兴趣的词句标注出来，也可以让他摘抄自己喜欢的名言警句、成语典故、段落和语句，还可以让他摘录书本的梗概提纲、简短书评乃至心得体会，甚至在书本的空白处加上自己的批注。在以后写日记的过程中，孩子便会妙语连珠，不会再为缺乏词汇而发愁了。

7. 培养男孩的阅读兴趣，丰富他的知识量

有了兴趣，男孩才会心甘情愿去做，阅读也不例外。只有让男孩对阅读产生兴趣，他才会真正喜欢上读书，去体会读书的快乐，不知不觉便能丰富自己的知识量。

父母只有培养男孩的阅读兴趣，他才会主动积极去阅读，集中精力去体会书中的内容。在男孩阅读的过程中，父母可以有意识地培养孩子的阅读兴趣，比如可以向男孩介绍书中的引人之处等。

要想激发男孩的阅读兴趣，最好从男孩平时喜欢的书籍入手。有的男孩喜欢阅读科普读物，父母就可以先让他阅读科普书籍，让他在其中产生强烈的阅读兴趣。在阅读科普书籍的过程中，男孩会觉得自己的知识十分欠缺，这时父母可以引导他从教科书中去汲取知识，来弥补这一方面的欠缺。

美国教育家杰姆·特米里斯认为，孩子阅读兴趣、阅读习惯形成的关键阶段是0～3岁。因此，父母在男孩很小时就应有意识地培养男孩阅读的兴趣和习惯。比如每天读书十分钟，这样时间一长，孩子就会在父母抑扬顿挫的朗读中逐渐喜欢上读书。杰姆·特米里斯觉得孩子坚持听读可以使注意力集中，有利于扩大词汇量，并能激发想象，拓宽视野，丰富孩子的情感。在每天的听读中，孩子会逐渐领悟语句结构和词意神韵，产生想读书的愿望，并能初步具备广泛阅读的基础。

为了提高男孩对阅读的兴趣，有的父母特意在给孩子讲故事时故意先讲一半，让孩子对故事中的情节产生兴趣。接着把书递给孩子，让他自己去读，这样他便会不知不觉捧起书，继续读下去。这的确是一种不错的提升男孩读书兴趣的方法。

根据男孩的心理特点，不同的年龄会喜欢不同的书籍。教育心理学家认为，不同年龄的孩子阅读能力有所差异。3岁以前的孩子，大多喜欢看色彩艳丽、形象逼真的动物或物品的图画书；3～6岁的孩子爱看童话、幻想故事以及有关动物、日常生活行为的图画书；7～10岁的孩子爱看有一定情节的神话、童话及令人惊奇、富于冒险性的儿童图书；10～13岁的孩子爱看富于幻想、探险、神秘色彩的图书；14～16岁孩子的阅读倾向于思维、发明、论证、推理及人物传记类图书。父母在为孩子选择材料时，应该注意循序渐进，并对具体的图书种类加以鉴别和选择。

一般而言，小学低年级的男孩开始对文学书籍产生一定的阅读兴趣，到了初中他便开始对报纸、杂志感兴趣，有的孩子则对自然科学书籍产生兴趣。如果父母能帮助男孩选择各种各样的好书，就可以拓宽他们的阅读范围，丰富他们的知识。对于男孩而言，童话、民间故事、小说、科普读物，甚至杂志、报纸，都是他们生活中阅读的最佳材料。

8. 增强记忆力有利于男孩的知识积累

男孩增强了自己的记忆力，知识的积累效率和积累数量都会有所突破，学习效率自然会提高，从而取得明显的学习效果。

男孩要想增强自己的记忆力，首先要学习关于记忆的知识。记忆是识记、保持、理解、再认、再现的过程。其中，识记是记忆的开始，保持是记忆的中心环节，理解是保持的基本条件，再认和再现是记忆水平和质量的反映。

著名心理学家艾宾浩斯曾经做过一个实验，实验的过程如下：熟记13个无意义的音节后，仅过1个小时，就遗忘了7个；2天后，又遗忘了1个；6天后，虽然遗忘还在进行，但是速度更慢了。由此可见，遗忘是随着记忆过程的结束开始的。

众所周知，有了良好的大脑和环境，才会有良好的记忆。所以，父母平时要科学合理安排男孩的饮食结构，并保证他有良好的学习环境。

增强记忆力，首先要建立信心。很多人都会抱怨自己记忆力不好，其实，人的记忆力表现在各个方面：有的人擅长记数字，有的人擅长记人名，有的人擅长记单词，有的人擅长记街道。千万不要因为自己在某方面的记忆力欠佳，就全盘否定自己，丧失信心。对于自己不擅长的方面，完全可通过训练来加以弥补。

增强记忆力，可以学会联想记忆法。利用联想来增强记忆效果的方法，叫做联想记忆法。联想，就是当人脑受到某种刺激时，浮现出与该刺激有关的事物形象的心理过程。一般来说，在时间上或空间上互相接近的事物、互相近似或相反的事物之间容易产生联想。苏联著名生物学家巴甫洛夫说过：“联想是记忆的基础。”美国记忆大师哈里默莱也说过：“记忆就是将新的信息联想于已知的事物。”

增强记忆力，就要提高注意力。如果记忆时聚精会神，排除杂念，大脑皮层就会留下深刻的记忆痕迹而不容易遗忘；如果精神涣散，一心二用，记忆效率就会大大降低。

增强记忆力，就要加强理解。众所周知，理解是记忆的基础，经过理解的东西才能记忆深刻。那种死记硬背的学习方法是不可取的。只有能做到理解和背诵相结合，记忆效果才会更加明显。

增强记忆力，就要经常复习。遗忘的速度是先快后慢。对刚学过的知识，趁热打铁，及时温习巩固，是强化记忆痕迹、防止遗忘的有效手段。学习时，不断进行尝试回忆，可使错误得到纠正，遗漏得到弥补，使学习内容的难点记得更牢。闲暇时经常回忆过去识记的对象，也能避免遗忘。

增强记忆力，就要视听结合。可以同时利用语言功能和视、听觉器官的功能，来强化记忆，提高记忆效率，比单一默读效果好得多。

9. 合理使用媒介，开阔男孩的视野

当今是信息化的时代，网络、电视、报纸等媒介十分发达。人们可以在网上聊天，可以玩网络游戏，相互发电子邮件。美国传播学家施拉姆说过：“今天，由于大众传媒无处不在，人们除了工作和睡觉外，用于大众传媒的时间超过了其他任何时间。”传媒影响着人们的生活，改变了人们传统的生活方式。男孩可以在父母的指导下正确利用媒介，丰富自己的生活。

对于男孩而言，他们通过大众媒体所能接触的信息量之大，是前几代人无法比拟的。媒介犹如一把双刃剑，虽然可以让男孩增长见识、开拓视野以及丰富知识，但网络游戏和色情知识等的蔓延也会对他们产生许多不良影响。

通过媒体，男孩可以学习到许多书本上没有的知识，它可以激发男孩的学习兴趣，鼓励他们积极主动去学习。书本的知识是枯燥无味的，但是通过电视、网络等媒介，无聊的知识会变得生动，另外再辅以语言、音乐等视听媒体，会在极大程度上扩展男孩的视野，增强他们的学习兴趣。然而媒介中那些不适于未成年人的内容，会深刻影响到男孩价值观的形成。尤其是网络游戏，更是让无数未成年人深陷其中，难以自拔。有的因此而退学，有的因此而走上犯罪道路。

如今，很多青少年因沉溺网络，加入到了“网瘾少年”的行列。

据统计，九成网瘾少年源于父母错误的家教。因此，当男孩沉迷网络时，父母的引导与支持是他们走出困境的动力。对于网瘾少年而言，家庭是最好的网戒中心。专家认为治疗网瘾，关键是帮助有网瘾者在正常生活中，发现和建立人与人的友情，找到自尊、快乐和自我存在的价值感。家人应该帮助网瘾少年找到他们的其他爱好，使他们慢慢告别网瘾，过上正常人的生活。

如何使用大众媒体来教育男孩，成为摆在父母面前的难题。男孩应通过网络进行网上学习，不要浏览不良信息；要增强自我保护，不要随意与网友约会；要维护网络安全，不要破坏网络秩序；要有益身心健康，不沉溺虚拟时空，等等。

10. 男孩智力发展要均衡，不要让他偏科

偏科是男孩学习过程中普遍存在的现象，如果他不能及时纠正，父母或者老师不加以引导，便会形成恶性循环，造成难以弥补的恶果。

男孩偏科，如同吃饭偏食，如果一个人长期偏食，他的营养结构就会不均衡，不利于他的健康。学习也是同理，只有各门学科齐头并进，才会全面发展。

男孩偏科主要表现在学习态度上。他们明知每门功课都是非常重要的，一门都不能落下，可是却根据个人的兴趣选择课程，造成不同科目成绩上的差异。由于每个孩子的个性特点、学习方法不同，产生偏科的

原因各不相同。家长只有对症下药，才能有效防止这种现象的发生。

小杰平时喜欢学数学，每当回家后他总是先把老师布置的数学作业完成。他的语文基础差，尤其是作文比较差，这使得他一提语文就发愁。所以，他在考试中数学成绩排名全班前三名，而语文却名列倒数。像他这样一科突出、其他平平的学生，实在是很多。对于他们，家长要积极鼓励优势科目，让他们对自己充满信心，让他们认识到自己有学好其他科目的能力，逐渐提高对其他科目的兴趣，并逐渐加大对其他科目的学习投入。

一个人学习能力的高低和其生理基础有关，而偏科是由大脑没有得到均衡发展造成的。最新研究表明，人的大脑功能分区化，左脑司职形象思维，右脑司职抽象思维。自从男孩出生那天起，他们的左右大脑并没有哪一半更有优势，而是后天没有得到足够的刺激和锻炼造成了不均衡发展。中国人习惯用右手，父母教孩子用右手的时候多，比如写字、吃饭等。左脑得到足够的刺激能够健康发展，而右脑由于得到刺激偏少，不能正常发展。由此得出，促进孩子大脑均衡发展，对纠正孩子学习偏科会有很大的帮助。

兴趣是学习动机的源泉。儒家圣人孔子就非常注重学习兴趣的培养，他说："知之者不如好知者，好知者不如乐知者。"如果男孩某一门科目成绩比较差，关键是培养他对该学科的兴趣。比如，男孩对数学不感兴趣，父母可以让他在平时多做一些数字游戏，让他不仅从游戏中形成数的概念，同时培养了他学习数学的兴趣。

爱因斯坦曾说过："耐心和恒心总会得到报酬的。"学习是一件苦差事，需要人有恒心与毅力。只有坚持不懈才能获得成功，否则就会欲速则不达。马克思花费40年的时间写了《资本论》；爱迪生曾被人认为是弱智，但他并没有放弃对人生的追求，孜孜不倦，为人类留下一千多项发明创造。由此可见，有的学生觉得别人的优势是天赋，自己永远追不上，其实这并不是天赋，而是别人刻苦努力的结果。自己要想变劣势为优势，就必须在某方面比别人付出更多。对于自己比较差的科目，男孩应该拿起自己的勇气，一步步扎扎实实，打下良好的基础。只有在点滴中进步，将来才能取得好成绩。

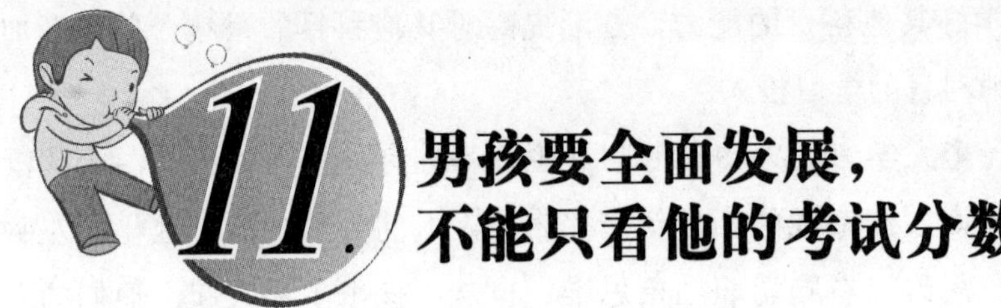

11. 男孩要全面发展，不能只看他的考试分数

分数固然可以反映男孩成绩的好坏，但不能将它认定是判断男孩学习能力的唯一标准。家长只有正确对待分数，让男孩全面发展，这才是最重要的。

在培养男孩成才的过程中，家长关注孩子的学习成绩无可厚非，但是如果太看重孩子的考试分数，将其视为衡量孩子学习能力的唯一标准，未免有点片面。因为教育孩子，更应去注重孩子思维能力、学习方法的培养，保持孩子最宝贵的兴趣与好奇心。

从某种程度上，分数可以反映出学生的学习情况，通过它可以检验学生一段时间的学习优劣。在考试竞争激烈的今天，孩子的升学、就业等都要通过分数来判断，因此人们觉得分数高的人能力便很强，分数变成了孩子、家长、老师追逐的唯一目标。

下学期就要中考了，小样刚刚进行了数学模拟考试。他一回到家，爸爸就迫不及待地问："考得怎么样？考了多少分？"

小样一边放书包，一边回过头来说："爸，还可以，就是有几道题没时间完成。"

爸爸听后，刚才满脸的笑容一下消失了，他转身坐到沙发上，说道："一定又是马虎了。我的要求是不能低于90分，我不管过程，我只看重结果。"

小样感到不安，总是躲闪父亲的目光："我这回考试除了数学，其他都高于90分。这回数学题难，大家普遍都考得不好，我仅仅考了85分。"

父亲大发雷霆，叫道："你整天就知道比下面的，没点儿上进心！你们班有没有考90分以上的？"看到儿子轻轻地点了点头，他的声音更是提高了几分："别人能考90分，你怎么就不能？什么题太难，都是你的借口。看来，还是你不努力！告诉你多少回了，要想考上重点高中，就必须得用功，知道吗？每门功课都不能低于90分，平均95分以上，是你最后的目标，你给我记住了！"

小样小声嘟囔着："不是我说数学难，老师也这么说。我怎么不努力了，连老师都说我进步了……"

对于小样的解释，爸爸根本不予理睬："你还狡辩！"说完，一巴掌打在了儿子的肩膀上："我告诉你，我不管题目难不难，也不管老师说没说你进步了，我要看到成绩！就你这也叫进步？差远了！要是考不上重点高中，以后就考不上好大学，那你也就没有什么前途了，知道吗？这个星期六、星期日哪儿都不许去，在家把模拟统考的题目重新做一遍。"

自此以后，小样对学习的兴趣越来越淡。他觉得在爸爸的心目中，自己已经不是一个好孩子，他的成绩也因此逐渐下降。

现实中，家长关心孩子的分数是应该的。可是大部分父母望子成才过于心切，将孩子的学习成绩看得过重，整天在孩子面前提分数，逼着孩子去争高分，这样会对孩子产生不良的影响：

（1）家长过于看重分数，极易损伤男孩的自尊心。男孩在刚刚进入学校的时候，积极向上，希望自己取得好成绩。哪怕学习成绩一般的学生，也有取得第一的奢望。有时，即使学习不错的学生，也不能保证自己每回都能取得高成绩。当他没有取得高成绩时，家长往往认为他学习没努力，便施加压力。有的家长甚至不问青红皂白，轻则辱骂一番，重则痛打一通，这样只会让孩子的自尊受到伤害，让孩子感到委屈。有的孩子会自暴自弃，导致厌学。

（2）家长过于看重分数，直接结果只能是让男孩畏惧考试。如果家长一味在意学习成绩，以分数作为奖惩孩子的标准，只会让孩子一提考试就紧张，老是害怕没有考好，会造成孩子心理上的恶性循环，影响孩子的健康成长。

当然，我们并不一概反对看重分数，因为分数在一定意义上也能反映出学生掌握知识的程度，反映出学生运用知识解决问题的能力。但是，考试分数高的学生并不表示他们将来走上社会也一定会成才，而考试成绩不好的学生更不表明他们将来会一事无成。

现在社会上，有很多人并没有很高的文凭，但是他们一样有所成就。不是说文化知识不重要，而是说，我们不能忽略了孩子的全面发展。除了分数，孩子的品德修养、性情习惯以及解决问题的能力，都会影响孩子的一生。

12. 男孩都有爱好，给他一些自由

对于男孩而言，他们只有做自己最喜欢的事情，才会有积极性和主动性，才会有朝一日让别人刮目相看。每个男孩都有一定的爱好，

父母应该给他们一些自由，让他们的心灵保持健康和良好。

林林即将面临中考，学业十分紧张，他的所有时间全部都用在了功课上。他的爱好是唱歌，有时他实在想放松一下，看看电视里的歌舞晚会，可是让他烦恼的是，父母在家时他根本没有坐在电视机前的权利，否则等待他的只能是妈妈的骂或爸爸的拳头。

实际上，林林很有歌唱天赋，就连音乐老师也对他很欣赏。但是，他只要在家里一哼歌曲，妈妈就会劝他赶快做作业。每次见妈妈这样大嚷，他便会觉得如冷水浇顶，全身透凉。

有一天，林林在家里做作业时，情不自禁地哼起歌来。他唱歌的声音被在客厅的妈妈听到了，冲进卧室狠狠地给了他一耳光，而且将他存了好些年的两本最喜欢的歌本夺过去撕成碎片。妈妈的做法彻底伤了林林的心，从此他在家里沉默寡言。

有些家长会赞同林林妈妈的做法，认为林林唱歌只会影响他的学习。其实，孩子唱歌只是想缓解一下紧张的学习气氛，并没有因为唱歌而耽误学习。如果整天让他泡在课本之中，他的学习效率便会大大降低。在繁忙的学习之余，唱一下歌会让他的身心得到放松。父母这种将音乐与知识学习完全割裂的做法，是非常错误的。正确的方法应该是鼓励孩子建立对健康向上的音乐的爱好，提高孩子的音乐欣赏水平。这样，听音乐非但不会对孩子的学业产生影响，还会促进孩子的学业。

对于男孩而言，他最反感的事情便是父母总是强迫自己做自己并不愿意做的事情。这不仅会让男孩迷失自我，还会让他的心灵受到伤害。有的父母总是将别人家的孩子和自己的孩子比较，老是在自家孩子面前表扬别人家的孩子。父母的用意是“刺激”孩子不断努力，事实上这反而打击孩子的信心，让他对父母不满。

男孩需要的是自由空间，任由自己徜徉。父母的过分干预只会让他失望，让他迷惘。尽管他知道这是父母爱自己的表现，但是过分地限制只会让他对父母心生强烈的不满。如果父母总是反对他做自己喜欢的事情，这会让他与父母的距离越来越远，隔膜越来越深。

父母一定要深知男孩有自己的思维，过多地“控制”孩子，会让他习惯于服从而丧失自我意识，缺乏独立精神。如果男孩一辈子像影子似的附属于父母，他的前途将是一纸空文。所以，父母应给男孩自由发展的空间，不能事事干预，不能只看重男孩的学习。

13. 一生精力有限，男孩要学会专注

要想让男孩学有所成，最好的方法是，做任何事情都不能漫不经心，而要专心致志，心无旁骛。毕竟，人生精力有限，浪费了就再也补不回来了。

打开历史史册，只要是有所建树的人，他们做起事来都会高度集中精力，心无旁骛。他们的共同特征是工作专注，因为只有专注，做起事来效率才会提高，才能取得成功。科学家牛顿便是最直接的证明之一。

在牛顿短暂的一生中，绝大部分时间是在实验室度过的。只要是在做实验，牛顿往往是通宵达旦，殚精竭虑。他的注意力非常集中，有时甚至不分昼夜，他的目标是一旦做就要不管一切把实验做完。

有一天，牛顿准备邀请一位朋友吃饭。当朋友到他家的时候，他还在实验室里工作，让朋友等一等。可是朋友等了很长时间，肚子都已经很饿了，牛顿还在做实验。最后朋友索性到餐厅里把煮好的鸡吃

了，不辞而别。牛顿做完实验出来的时候，看见桌子上的碗里有很多鸡骨头，不觉惊奇地说："原来我已经吃过饭了。"于是，他又回到实验室继续工作。

还有一次，牛顿的保姆有事外出。她事先把鸡蛋准备好，放在桌子上，告诉牛顿："先生！我要出去，请您自己煮个鸡蛋吃吧，水已经在烧了！"牛顿当时正在聚精会神地计算实验数据，他头也不抬，只是随便答应了一声。保姆回来以后问牛顿煮了鸡蛋没有，牛顿头也没抬地说："煮了！"等保姆掀开锅盖一看，顿时惊呆了：锅里煮的不是鸡蛋，而是一块怀表，鸡蛋还在原地放着。原来牛顿忙于计算，胡乱把怀表扔到了锅里。

牛顿正是凭着这种专心的精神，为科学献身，总结出了牛顿三大定律，为人类的进步做出了不可磨灭的贡献。因此，作为男孩，要想事业有成，建功立业，就必须向牛顿学习，学习他做事专心的精神。只有专心致志，注意力才会集中，才会做好身边的每一件事情。

男孩的精力是有限的，如果他追求的目标过多，精力注定会被分散，其结果只能是一事无成。因此，男孩不仅做事要专心，更要专注。只有专注于一个目标，聚精会神去做它，才会早日实现。

法国作家巴尔扎克年轻时，非常气盛，盲目乐观，曾经营出版印刷业。由于经营不善，管理不好，他的企业被迫破产，因此欠下了巨额债务。那段时间，债权人经常三更半夜来敲他的家门，警察局发出通缉令，要立即拘禁他。巴尔扎克走投无路，居无定所，他被迫无奈，趁着一个晚上，偷偷搬进了巴黎贫民区卜西尼亚街的一间小屋里。

为了躲避警察的追捕，巴尔扎克隐姓埋名，躲进这间不为外人所知的小屋子里。周围的难民并没有注意到这位失魂落魄却踌躇满志的年轻人。经过一段时间的调养，巴尔扎克从原先浮躁不安的心境中平静下来。他坐在书桌前，认真地反思着，多年以来，自己一直游移不定，今天想做做这，明天又想改行做别的，始终没有集中精力来从事自己最喜欢的文学创作。想着想着他终于醒悟，从储物柜里找出拿破仑的小雕像，放在书架上，并贴了一张字条：“彼以剑锋创其始者，我将与笔锋竟其业。”果然，巴尔扎克在文学上取得了巨大的成就。

注意力分散是男孩成长过程中所遇到的普遍问题，父母必须重视。一般而言，男孩的注意力有一个发展的过程，不同年龄段的男孩，注意力是不同的；同一年龄段的不同男孩，注意力也是不同的。男孩注意力集中时间的长短，与他们的年龄、性格和其他个性相关。比如，五六岁的男孩，注意力的维持时间大约在10分钟左右，而八九岁的孩子则可以提高到半小时左右。

培养男孩专注的习惯，纠正注意力不集中的毛病，就应该给他们一个安静的环境。一般情况下，男孩在一个安静的、无干扰的学习环境中学习，就不会有过多刺眼的物体来干扰他们。另外，一旦男孩开始学习，父母最好不要和他说话，也不要在周围走来走去或者询问学习进展，否则会干扰孩子的学习。

14. 学习是个长期过程，男孩要有持续学习的意识

当今是知识经济的时代，知识的更替速度极快。因此，要想在社会中立于不败之地，就必须活到老，学到老，树立终身学习的理念。只有经常学习，男孩才能够在瞬息万变的社会中适应变化，实现自我的价值。

鲁迅是中国文坛举足轻重的人物，他年轻时曾经比较懒散，为了

彻底纠正自己的毛病，他痛下决心，从“愚鲁而迅速”取意，将自己的笔名命为“鲁迅”，以此时刻提醒自己抓紧时间学习。“倘能生存，我当然仍要学习。”他是这样说的，也是这样做的。在其短暂的一生中，鲁迅先生为读者留下众多脍炙人口的名篇，这与他年轻时养成的勤奋学习的习惯息息相关。

男孩只有勤于学习，自己的知识系统才能够不断完善，人生阅历才能够不断丰富。一本美国杂志在它的封面上醒目地标着“要么学习，要么死亡”，意在警示人们，知识经济时代需要的是终生学习的人才，不学习的人迟早会被日新月异的社会所淘汰。

当代社会科技迅猛发展，我们所处的是知识爆炸、知识快速更新的时代。知识总量浩如烟海，更新速度快得惊人，知识周期越来越短。一项统计表明，农业经济时代时期，人类只需在7到14岁学习，就可以胜任日后的工作；当历史的车轮滚到工业经济时代，人类的学习时间已经延长到了22岁。如今已是知识经济时代，它对人们的要求更加严格，需要人们突破时间的限制，坚持终身学习。

提及终身学习，这一词最早见于联合国教科文组织的《学习生存》一书，该书第一次提出“终身学习是21世纪的生存概念”。美国前总统克林顿也对终身学习进行过这样的论述：“终身学习是知识经济的成功之本，假如我们实现了这一目标，它将爆发出无限的良机，并改变每一个年轻人的未来。”由此可见，终身学习已经成为21世纪世界公民的必备理念。如果每个人将其付诸实际，将会为世界乃至人类带来无限的生机，为社会创造巨大的财富。

知识可以改变命运，而学习是改变命运的唯一途径。学习不仅可以提高人的基本素质，增强人的办事能力，而且它还是一种人生追求和生活方式。当今社会挑战无处不在，应对挑战的最佳策略就是不断学习。对于个人而言，学习到的知识越多越好，越广越好；对于国家来说，复合型、实用型的人才越多越好。一个人只要树立终身学习的志向，他就会变被动学习为主动学习，他的学习目的就会十分明确，效率就会大大提高。

学习首先要“会学”，这主要是指学习理念。有人觉得，做任何事只要肯下苦功足矣。实则不然，先进的学习理念比一味地埋头苦干更加重要。学习是一个人一辈子的事情，贯穿一个人的一生，所以每个人必须树立“活到老，学到老”的理念。“三人行，必有我师”，因此，一个人要树立“能者为师”的理念，只要别人有比自己强的地方，就要虚心向别人请教。另外，在学习的过程中不能只是机械式地学习，还要经常思考，尤其是对知识的过滤，要做到“为我所用”、“学以致用”，牢固树立“创造性学习”的理念。学习要多交流，多讨论，只有通过良性互动才能够碰撞出思想火花，获得意外的收获。因此，树立“知识共享”的理念对于男孩的进步是十分重要的。

其次，学习要“苦学”，这体现的是一种学习态度。世上没有容易的事情，做任何事情都需要付出努力。学习也是一门苦差事，它需要每个人为之付出努力。众所周知，鲁迅就是将别人喝咖啡的时间用在了学习上，才能够成为举足轻重的文学巨匠。因此，每个人必须做好为了学习勇攀高峰的心理准备。另外，“苦”与“乐”是相辅相成的。有苦才有乐，有付出才有回报。只有通过自己的不断努力，才能体会到获得知识后的快乐；只有付出常人难以想象的努力，才能出类拔萃，为社会为国家创造财富。

古人曰：“圣贤由学而成，道德由学而进，才能由学而得”，男孩的任何能力不是与生俱来、天生就会的，它是通过后天的不懈努力来完成的。只要男孩坚持学习，不论年龄大小，一定会精通所学。

第六章

男孩爱炫，炫从魅力中来

男孩有炫耀的心理，当受到其他同学的追捧和羡慕时，心中会生出一种自豪感。有些男孩可能会借助物质条件的丰厚炫耀，达到引人注意的目的，从而满足自我。其实，这不过是渴望展现个人魅力的一种方式。为此，家长一定要慢慢引导，使男孩脱离物质炫耀的虚浮，培养他的内在气质，使他散发出独有的个人魅力来，从小培养他的领导才能。

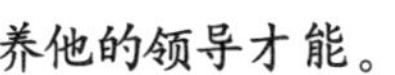

1. 男孩不要腼腆，大胆与人交往

卡耐基认为，一个人要想获得成功，专业知识仅仅起到15%的作用，交际能力占了85%。由此可见，一个人交往能力的强弱是他将来能否成功的重要因素。男孩一生的能力与习惯基本上是从儿时培养的，父母要从小鼓励男孩大胆地与别人交往，培养他们的社交能力。

从小培养男孩的交往能力，是十分重要的。如果男孩从小便学会主动与别人打招呼，长大后便懂得如何与陌生人成为朋友；如果男孩小时候就懂得与人交往的技巧，长大后往往能交到更多的朋友，他的事业上便会有更多的好帮手。

培养男孩的交往能力，就要让他学会在别人面前介绍自己。

小男孩胖胖不论走到哪里，都会结识很多好朋友。有一天，幼儿园来了一个新同学。当老师让他们自由活动时，胖胖便主动来到小朋友身旁，做起了自我介绍："你好，我叫胖胖，非常高兴和你认识，希望我们成为好朋友。"过了不久，胖胖便与新来的小朋友成了好朋友。

一个敢于向别人介绍自己的男孩，他长大后便知道怎样和陌生人相处，便会更加自信地生活与工作。因此，父母要鼓励男孩，培养男孩乐观、阳光的性格。只有这样，他的人生才会有更大的前途。一个不敢将自己介绍给别人的男孩，不会认识更多的人，他的生活范围便会很狭窄，他的社交便会很有限。

父母可以让男孩多参加集体活动，让他逐渐融入到集体之中，学会与同学更好地交往，以增加别人对自己的信任。在集体活动中，男孩对其他小朋友应友善，不能总是指挥别人，否则会让别人反感。因此，父母要让男孩学会尊重别人。当别人遇到困难时，要学会主动帮助，这样就会赢得更多的朋友。

为了增强男孩的自信，父母应鼓励男孩让其他伙伴来家中做客。父母的热心也会增加小伙伴对男孩的好感，更加愿意与男孩保持良好的朋友关系。

有一回，一位老师为了提高孩子的交往能力，组织了一个名叫“一日营”的有趣活动，这个活动便是让七八个孩子到其中一个孩子家里去生活一天。当孩子们得到这个消息后十分期待，家长们也十分乐意。通过这个活动，男孩的交往能力便会得到一定的锻炼。

2. 男孩要懂礼仪，熟悉社交常识

男孩的文明礼仪不是一蹴而就的，需要从小培养。一般情况下，越是懂礼仪的孩子，越会获得自由发展的广阔天地。因此，家长从小就应该重视男孩文明礼貌习惯的培养。

懂得礼仪是人际关系中不可缺少的行为规范，人们之间相互观察和了解，一般都是从礼仪开始的。良好的礼仪习惯既可以给人带来快乐，还能够助自己走向成功。礼貌从表面上看，它是一种表现或交际形式，而从本质上讲，它反映出人们彼此的关爱之情。当遇到一个举止优雅的人，他向来谦虚谨慎，彬彬有礼，从不装腔作势、夸夸其谈，大家就会以敬佩的目光去对待他。

丰子恺是我国近代著名的画家，他有个儿子名叫丰陈宝。丰陈宝小时候有个毛病：害怕见陌生人。有一次，丰子恺先生到上海为开明书店做编辑方面的工作，顺便把十三四岁的陈宝也带了去，准备让他见一见世面。

有一天，丰子恺和一个陈宝不认识的客人交谈，他们谈了好长时间，陈宝一直没有与客人主动打招呼。当客人与丰子恺讲完话后，丰子恺要陈宝和客人打招呼。陈宝一下子愣住了，一言不发。客人走后，丰子恺语重心长地对陈宝说："客人向你打招呼告别，你怎么可以不理睬人家呢？"

后来，丰子恺先生十分注重对陈宝的礼貌教育。他告诉陈宝，当有客人来时，应该主动为客人端茶、盛饭，而且一定要用双手捧上，这样表示恭敬。经过一段时间的教育，陈宝养成了懂礼貌的好习惯。由此可见，家长对男孩的礼仪教育是十分重要的。

在日常交往中，男孩应注意做到以下几点礼仪：

（1）见到别人要打招呼，适当寒暄，要点头微笑表示致意。

（2）公共场合讲话不要大声喧哗。

（3）注意公共卫生，不要随地吐痰，乱扔垃圾。

（4）与师长讲话时要站立，得到允许后方可坐下，讲话要谦虚。

（5）与人交谈时保持礼貌，用温和的目光看着对方，不要长时间凝视，适当时回应对方，不能一味沉默或打断别人。

（6）任何时候记得排队，并注意谦让，公车上要给老人、孕妇和抱婴者让座。

在正式场合就餐时，男孩应做到以下几点礼仪：

（1）要先请长者或客人先入座，注意坐次。

（2）就餐时要先请长者或客人先用餐，征得对方同意后再斟酒和夹菜。

（3）吃饭时要少说话，必要时要语气缓和，与邻坐交谈时要低声，不影响他人。

（4）用餐时不要大笑，喝汤时要用公用汤匙盛到自己碗中，再用自己的小汤匙适量饮用。

（5）用完餐后要请别人慢用并表示感谢，离开座位时要先打招呼说明情况。

只要家长在平时注重对男孩的礼仪教育，帮助他纠正平时养成的不良习惯，相信男孩一定会讲文明，懂礼貌，成为人见人夸的好孩子。

3. 男孩要有好口才，社交场上吃得开

眼睛是心灵的窗户，舌头是心灵的大门。很多家长希望自家男孩将来能够事业有成，飞黄腾达。不过要想成功，绝非易事。在成功人士需要具备的种种因素中，练就好口才是非常重要的。

有了好口才，可以提高自己在别人心目中的地位，让人在竞争激烈的社会中游刃有余，使自己逐步迈向事业高峰。口才好的人可以流利地表达出自己的意图，把道理说得一清二楚，使别人乐于接受他的建议。有时自己还可以从问答中测定对方言语的意图，并从对方的谈话中得到训示，增加自己对对方的了解，跟对方建立良好的友谊。不会说话的人非但不能完全地表达出自己的意思，反而会使对方费神去听，而又不能使他信服地接受。

从前有个人为了庆贺自己的生日，特意邀请四个要好的朋友来家中做客，共同度过难忘的一天。到了中午的时候，三个人准时到达，最后一个人不知是何原因迟迟未到。主人心急如焚，不禁脱口而出："真是快要急死人了，该来的怎么不来呢？"

在座的几位听后心中很不是滋味，其中有一客人是急性子，对主人说："我们是不该来的，我告辞了，再见！"说完便气冲冲地走了。一人没来，另一人又给气走了，主人急得又冒出一句："真是的，不该走的却走了。"

剩下的两个人中，一人听了生气地说："照你这么讲，该走的是我们啦！"说完掉头就走了。主人急得如热锅内的蚂蚁，不知所措。

最后留下的这一个朋友，劝主人说："朋友都被你气走了，你以后说话应该留意一点。"这人很无奈地说："他们全都误会我了，我根本不是说他们。"这个朋友听了，再也按捺不住，脸色大变道："什么，你不是说他们，那就是说我啦，莫明其妙，有什么了不起。"说完他铁青着脸走了。

以上这个故事说明，一个人在交际场合会不会说话是非常重要的。会说话的人能够力挽狂澜，将被动的局面扭转；不会讲话的人只能收拾残局，打破先前的融洽气氛。所以，练就一番好口才是男孩急需的。

4. 男孩要擅长幽默，积累受人喜爱的智慧

幽默感是人一生之中最高贵的品质之一，是人生最高的境界。男孩将来要有所作为，就必须是一位富有幽默感的人，别人能够感受到他身上散发出来的智慧。

有一次，美国释奴运动领袖菲力浦斯被一位牧师质问："您不是一心要拯救黑奴吗？为什么不直接到非洲去宣传呢？"

菲力浦斯听后，感到对方有意在挖苦自己，于是巧妙回答："先生不是在拯救灵魂吗？为什么不直接到地狱里去呢？"他的一句话让牧师哑口无言。

在人际交往中，幽默是心灵沟通的天使。凡是幽默的人，都会给交谈带来一种欢乐和融洽的气氛，让人感受到的是善意的嘲讽。面对自己的不足，幽默家会自我解嘲。幽默家的高明之处，在于到了针锋相对之时，仍然保持一颗平静的心，会用幽默来化解双方的矛盾。

弗洛伊德说："诙谐与幽默是把心理的能量以游戏的方式释放出来。"幽默体现了乐观向上的生活态度，它基于一个人对自己的尊重。幽默感是人际交往的润滑剂，通过幽默的表达，可以舒缓紧张情绪，更能营造出快乐气氛。父母应给孩子足够的空间，让他们寻找自己的生活乐趣。

心理学家保尔·麦基认为，幽默感能提升孩子的人际交往能力。擅长幽默的孩子，童年时代就会在人际交往中比较成功，因为他们知道，人们很难讨厌一个能让他笑起来的人。

一项研究发现，哪怕是四五岁的小孩子，只要他具有幽默感，就比较容易与同伴交往，而且更容易被别人的幽默逗得大笑。在另一次研究中，一群自认为害羞的8～13岁的孩子觉得自己缺乏幽默感，这让他们觉得在人际交往中比幽默的孩子要费力得多。

儿童心理专家劳伦斯·沙皮罗认为，和其他情商技能一样，幽默感的发育从婴儿出生的最初几个星期就开始了。因此，父母应该结合男孩的成长阶段，采用不同的方法培养孩子的幽默感。

在日常生活中，父母要有意识地运用幽默的方法去培养孩子。幽默的方法不仅可以培养孩子的幽默感，而且往往可以保护孩子的自尊心，产生较好的教育效果。例如，从孩子刚刚满月时，家长就可以与孩子玩找妈妈的游戏，用一块手绢挡住自己的脸，然后迅速拿开手绢，露出自己的脸，孩子就会被逗笑。等孩子大一些，可以躲在房间的角落，和孩子玩捉迷藏，孩子会在寻找的过程中获得快乐。

在教育孩子的过程当中，父母应该尽量避免生硬的命令。幽默式的语言会让孩子感到快乐，而且会更加听从父母的教导。比如，许多孩子在玩玩具时，往往比较兴奋，能够一口气玩上半天甚至一天。但是，在玩完后，孩子们却很少会主动去收拾整理玩具。这时候，父母最好不要说“快把玩具收拾起来！要不以后就不让你玩了！”，可以使用幽默一些的语言：“玩了这么长时间，你肯定累了吧？问问这些玩具，它们是不是也累了？要不，你把它们送回家吧，让它们好好休息一下，明天再跟你一起玩好不好？”相信孩子会用一种同理心去感受，并会主动地收拾好玩具。

在家庭生活中，父母还可以经常给孩子讲一些幽默故事，让孩子在不断的熏陶中逐渐培养起幽默感。

5. 交际是一种能力，教会男孩选择朋友

男孩的一生会遇上形形色色的朋友，而真正体谅自己、关心自己的知己却寥寥无几。所以，男孩要学会辨别，慎于交友。

儒家学派的创始人孔子曾经说过：“益者三友，损者三友。友直、友谅、友多闻，益矣。友便辟、友善柔、友便佞，损矣。”这句话的意思是，和刚正不阿、宽宏大量、博学多识的人交朋友会受益；而和谄媚奉承、心术不正、华而不实的人交朋友会受害。因此，男孩在结交朋友时，父母一定要让他们学会从小就慎于交友。当心中有了一个正确的标准时，他们就会对陌生人进行辨别，防止自己交到坏朋友。

“君子坦荡荡，小人常戚戚。”对于男孩而言，要想获得真诚的友谊，他就必须待人友善，愿意为朋友提供力所能及的帮助。当朋友处于危难时，要尽己所能，助他一臂之力；当朋友怯懦退缩时，要鼓励朋友，让他恢复自信；当朋友取得成就时，要给以祝福，与他分享快乐。

当今，人们经常用“管鲍之交”来形容笃厚的友谊，这个典故源于一个故事。

春秋时期，齐国国君齐桓公是当时第一个霸主。齐桓公之所以能够在诸侯国中拔得头筹，那是因为他有管仲和鲍叔牙两个得力的助手。其中，管仲是一位颇有才干的政治家，而他的成功又是和鲍叔牙谦虚让人的品德分不开的。

管仲和鲍叔牙从小开始，一直就是形影不离的好朋友。他们总是互相帮助，真诚相待。长大后，他们一起去齐国谋生。当时，齐国的国君为齐襄王，他的两个弟弟分别是公子纠和公子小白，齐襄王让管仲和鲍叔牙分别担任他们两人的老师。

后来，齐国发生内乱，齐襄王不幸被杀。针对继承王位，公子纠和公子小白进行了激烈的争夺。最终公子小白当上了国君，他就是后来赫赫有名的齐桓公。

为了治理好国家，齐桓公问鲍叔牙有何高见。鲍叔牙说："您需要一个才智过人的贤人来辅助国政。"齐桓公说："难道还有比您更能干的人吗？"鲍叔牙肯定地说："有，就是管仲。"

"管仲？"提起管仲，齐桓公的脸色马上由晴转阴。原来，当年他在和公子纠争夺王位的时候，和管仲有一箭之仇。有一次，躲在树林中的管仲向公子小白暗射了一箭，万幸的是公子小白仅仅受了点皮肉之伤，没有生命危险。就这样，齐桓公对管仲一直怀恨在心。

鲍叔牙微微一笑，说道："您有所不知，管仲至少比我强百倍。如果你能够不记前仇，真心实意请他来帮助你治理国家，齐国称霸是指日可待的。"鲍叔牙耐心解释，终于说服了齐桓公，设法把管仲请来。管仲见齐桓公不记一箭之仇，非常信任他，就决定帮助齐桓公治理国家。

在齐桓公的大力支持下，管仲对齐国进行了一系列改革。过了几年，齐国的国力变得富强。为了让管仲充分发挥才能智慧，鲍叔牙谢绝挽留，悄悄地离开了齐桓公和管仲。他的为人令大家钦佩，管仲说："真正了解我的是鲍叔牙。"

人生若能得一朋友，处之如管鲍之交，足矣！不过，朋友之间，难免会有磕磕碰碰，这时关键要有一个人懂得宽容。

“在家靠父母，出外靠朋友。”男孩将来要有所发展，就要在社会上打拼。社会上的人良莠不齐，形形色色。男孩涉世不深，初出茅庐，极易受到不良朋友的影响，不是学抽烟喝酒，就是玩游戏赌博，有的甚至还讲究哥们儿义气，做出违法的事情来。

要预防青少年犯罪，需要做到以下几点。

首先，家长要关心孩子的心理健康。青少年好奇心强，模仿能力强，但他们辨别能力差，容易受到各种不良信息的影响，出现盲从心理。同时，青少年逆反心理比较强，往往把老师、家长循循善诱的教导当成耳旁风，总是喜欢“剑走偏锋”。

其次，家长要为孩子塑造良好的氛围。统计表明，一半以上的未成年犯都存在家庭问题，不是父母离异，家庭破裂，就是未与父母共同居住、父母疏于管教，抑或是父母过度溺爱。正是父母教育的缺失，导致孩子走上不归之路。

6. 男孩要硬气，一口唾沫一个钉

巴尔扎克说过：“遵守诺言就像包围你的荣誉一样。”对于男孩而言，只有讲诚信，别人才会信任他，他才会在社会上立足。一个言而无信的人，是不会受到别人的欢迎的。

有一位青年，由于父母英年早逝，家中仅剩下他一个人。不过，他的生活过得并不轻松，因为父母生前看病花了许多钱，而这些钱都是向别人借的，因此他的肩上就担当了一笔巨额债务。如果换做旁人，一定会以这笔债务是父亲的为借口逃避，然而这个青年没有这么做。他在办完丧事后，第一件事便是逐一拜访债主，希望他们宽限还债期限。

为了表示自己的诚心，他向债主作出保证，自己一定替父亲还清所有的债务。债主们感到十分欣慰，对青年表示同情，纷纷表示可以延期归还。通过数年的不懈努力，这个青年终于还清了父亲留下的所有债务，甚至还归还了利息。大家被青年的诚信精神所感动，纷纷要求和他合作做生意。最终，在大家的帮助下，这位青年自己创业，开办了企业，成为了远近闻名的成功人士。

某知名企业准备招聘一名软件开发的尖端人才。由于该企业待遇丰厚，许多IT业的人才纷纷前来应聘。经过层层选拔，企业人事部的经理看中了一个小伙子。他不但技术过硬，而且办事灵活，可是最后经理却没有录用他。原来小伙子准备将他先前所在公司的一种软件开发技术无偿带到该企业。尽管这项技术是顶尖技术，一旦它被运用到实际，将会赚不少的钱，但是经理觉得小伙子这人不诚信。不管他多优秀，只要他是一个言而无信的人，企业就不准招聘他。

通过以上两个故事可以说明，诚信是一个人为人处事的立世之本，是一个人修身养性最起码的要求。只有讲诚信，守信用，别人才会愿意和他相处。正所谓：“身不正，不足以服；言不诚，不足以动。”一个言语诚实、言行一致的人，才会受到别人的尊敬和认可；而一个出尔反尔、不守信用的人，必定会受到别人的排斥与反感。

家长在教育男孩的过程中，一定要让孩子懂得从小就要做一名诚信的好孩子。要让孩子做到诚信，家长自己本身就要做一名信守诺言的人。只有家长以身作则，为孩子树立良好的榜样，孩子才会在潜移

默化中向父母学习，做一个诚实守信的人。

曾子是春秋末期的思想家。相传有一天，他的妻子准备外出办事，儿子知道后一定要和妈妈一起出去。妻子觉得自己办事带个孩子实在不方便，于是她便哄骗并答应儿子，只要他在家等她，她回家后一定给他炖肉吃。儿子一听说有肉吃，十分爽快地答应留在家里。当时曾子正好在家，他把发生的这一切都看在眼里，记在心里。

妻子办完事回到家时，她看到曾子正在磨刀，觉得十分奇怪，于是问曾子磨刀准备做什么。曾子告诉妻子，他要杀猪给儿子炖肉吃。妻子听后觉得十分可笑，她告诉曾子，自己当时仅仅是为了哄孩子高兴瞎说的，根本不用当一回事。而曾子却郑重其事，告诉妻子说，大人说话一定要守信，要说到做到，否则以后自己说的话孩子就不会相信了。

妻子听后觉得曾子的话很有道理，于是便和他一起把猪杀了，给儿子做了香喷喷的炖肉。父母的诚信行为让儿子十分感动，他发誓自己一定要做一个诚实守信的好孩子。有一天，天色已晚，刚准备脱衣睡觉的儿子突然起来，穿上衣服，从枕头下拿起一把竹简向外跑。曾子问儿子匆匆忙忙做什么，原来在白天儿子从朋友那里借了竹简，他答应别人当天一定送回去。可是白天他把这件事忘得一干二净，直到睡前才想起。虽然当时已经很晚了，但儿子觉得自己不能言而无信，晚上一定要将竹简交给朋友。曾子看着儿子跑出门的背影，会心地笑了。

男孩要做一个诚实守信的人，就必须严于律己，信守承诺，不要为了面子而撒谎，不要为了名利而贪婪。

7. 男孩要有气量，多为他人着想

每个人都会有犯错误的时候，而一个不肯原谅别人的人，就是不给自己留余地。作为男孩，他更应有宽广的胸襟以及豁达的精神。学会宽容别人，男儿才会迈向成熟。

宽容是人生成长必备的一种品德，也是为人处事的智慧体现。如果父母从小让男孩学会宽容，那么他就可以掌握处事技巧。学会了宽容，男孩便可以建立重要的人际关系，不盲目和别人攀比。

宽容别人，男孩就要多从别人的立场考虑问题，多为他人着想。

古时候，在一座寺庙里，方丈老禅师正在院子里踱来踱去，发现墙角有一张椅子，他一看就知道又有人越墙出去溜达了。针对这种情况，老禅师没有产生惩罚弟子的想法，而是走到墙角把椅子移开，然后自己蹲在那里。

过了一会儿，从外面果然回来了一位小和尚。他顺墙而下的时候正好踩着老禅师的背。落地后，他看到自己踏的不是椅子而是老禅师时，吓得惊惶失措。谁知，老禅师并没有厉声责备他，只是平静地对他说："夜深天凉，快去多穿一件衣裳。"事后，再也没有弟子越墙到外头闲逛了。老禅师用自己的宽宏大量给弟子上了一堂生动的课。

宽容别人，男孩就要懂得理解他人，容忍别人的不足之处。

三国时期，蜀国丞相诸葛亮不幸去世，朝政由蒋琬负责。他有一个名叫杨戏的属下，性格孤僻，不善言语。每次蒋琬主动与他说话时，他总是只应不答。有人觉得很气愤，便在蒋琬面前讲："杨戏这人对您如此怠慢，真是太不像话了！"蒋琬只是坦然一笑，说："每个人都会有各自的脾气秉性。让杨戏当面赞扬我，那不是他的本性；让他当着众人的面说我不好，他也会觉得我下不来台。所以，他只好不做声了。其实，这正是他为人的可贵之处。"正是蒋琬有一颗容人之心，他才能够理解杨戏的不足，原谅他的无礼作为。

金无足赤，人无完人。每个人都会有这样或那样的缺点，也会犯这样或那样的错误。遇到别人的缺点，有的人会斤斤计较，而有的人则会宽宏大量，理解别人。男孩应学会以平常心来对待别人的不足，真正理解他人。

男孩在与同龄人交往时，既不能嫉妒比自己强的同伴，也不能藐视比自己差的同伴。要学会取长补短，向比自己强的同伴学习，帮助比自己差的同伴。只要用一颗宽容的心来对待现实，男孩就会体会到宽容的价值所在。

8. 男孩要敢担当，对自己的行为负责

男子汉大丈夫，既然错了就要果断承认，不要找借口推脱责任。

男孩只有在实践中不断磨练，他才会成为一个有责任心的好男儿。

心理学家研究表明，责任感是一种高级情感，它需要通过一段时间的行为，使责任知识内化为自动起支配作用的价值观。

培养男孩的责任感，让男孩承担自己应有的责任，家长就应该为男孩树立榜样。父母是男孩的启蒙老师，言行举止、举手投足都是男孩效仿的典范。作为父母，在教育男孩的同时也要进行自我反省，因为自己的抉择判断会在以后影响孩子们的一生。家长只有自己做好榜样，男孩才会受到父母正确行为的熏陶和感染，具备高度的责任感。与之相反，如果家长本人对长辈、对家庭、对社会毫无责任感，要想使自己的儿子有责任感，就会显得很困难。

作为家长，不应过于干涉男孩的自由，应该赋予他们一定的自主权。只有家长大胆放手，让男孩自己做主，男孩才会意识到自己的责任心。比如，平时孩子的穿衣和吃饭，就应该由孩子自己动手，避免养成“衣来伸手，饭来张口”的坏习惯和出现不负责任的情况；制定学习和复习计划，也应该由孩子自己负责制定并实施。如果有机会的话，家长可以和男孩商量，让他当一次家，放手让孩子大胆地负责一天的家务劳动、家庭开支和待人接物等。

让男孩做家务，要重过程轻结果。由于男孩从来没有做过，或许他们的动作不利索，方法不妥当，有时还经常出错，这些都是很正常的。家长在培养孩子做事的过程中，自己本人一定要沉得住气，能够容忍孩子的不完美。只有经过长时间的实践体验，男孩才会逐渐认识到自身的责任意识，不断强化和提高自己的责任。

良好的责任感需要坚强的意志力和持之以恒的态度的支撑。由于男孩好奇心强，兴趣广泛，平时又缺乏恒心，自制力不强，他们遇到一点困难就容易打退堂鼓，不愿意再坚持下去，这会使别人觉得他们没有责任感。为了增强男孩的责任感，家长平时就应强调培养孩子做

事有始有终、负责到底的良好习惯。交给孩子去做的事情，要由小到大，由易到难，还要家长全程监督，发现问题及时纠正，决不允许孩子做到一半就随意放弃，直到孩子从头至尾认真地把事情做完做好，然后表扬孩子是有这个能力的，鼓励孩子勇敢单独地去完成一件事。

由于男孩年龄尚小，他们对一些事情表现出没有责任感也是很正常的，或许有时他还不知道责任是什么。因此，为了培养男孩的责任感，家长可以适当地让他品尝一下办事情不负责任的后果，让他明白如何去面对并接受这次失败的教训。

9. 从小培养男孩的合作意识

学会合作将会使人进步更快，因此男孩要从小懂得合作的重要性，与别人真诚合作。

文学家萧伯纳曾经说过这样一句话：“你有一个苹果，我有一个苹果，彼此交换，每个人只有一个苹果。你有一种思想，我有一种思想，彼此交换，每个人就有了两种思想。”这是在讲，双方只有经常沟通交流，相互合作，才会共同进步。

有一天，闻一多先生在课堂上写了一道算术题：“2+5=？”学生们感到很疑惑，这原本是一道很简单的算术题，答案是7。闻先生说：“不错，在数学领域里，2+5=7，这是天经地义的。但是在艺术领域里，2+5=10000也是可能的。”

说到这里，他拿出一幅题为《万里驰骋》的国画给学生们欣赏。那幅画气势恢宏：画面上首先映入眼帘的是两匹奔马，在它们后面又有错落有致、大小不一的五匹马，五匹马后面便是许多影影绰绰的黑点了。

闻先生指着画对学生讲：“从整个画面的形象看，只有前后七匹马，然而，凡是看过这幅画的人，都会感到这里有万马奔腾，这难道不是2+5=10000吗？”由此可见，任何事物只要组合起来便会力量无穷。

学会合作，是人的必备的基本素质与品格。一个不能与别人真诚合作的人，是永远不可能成功的。刘邦曾经说过：“夫运筹帷幄之中，决胜于千里之外，吾不如子房；镇国家，抚百姓，给饷馈，不绝粮道，吾不如萧何；连百万之众，战必胜，攻必取，吾不如韩信。三者皆人杰，吾能用之，此吾所以取天下者。”合作并不是普通的人际交往，而是双方为了一个共同的目标结成的互助互利的双赢关系。合作的力量总是大于每个部分的总和，因此，对于父母而言，培养男孩与别人合作的习惯十分重要。

要培养男孩与人合作的习惯，必须做到以下几点：

（1）男孩要懂得与人合作的重要性。现实中一个人的力量是有限的，如果两个或两个以上的人合作，他们就可以做许多一个人的力量无法做到的事情。父母在教育男孩的过程中就应该让他知道这个道理，有时还可以让他亲自体验个人无法完成的挫折感，从而使他懂得与人合作的重要性。

（2）男孩可以通过游戏学会合作。为了培养孩子的合作精神，在日本，体育教育中关于个人的项目极少，大部分是集体项目。通过集体性的游戏，孩子的合作精神可以得到充分发挥。其中有一个叫“人工桥”的游戏，其过程是这样的：全体学生弓着腰，拉着手，形成一个人工桥，其他学生的任务是从这个“人工桥”上踏过去。于是，做

桥的孩子们一个接一个地弓着背，让自己小组的选手往上跑。跑过后的孩子则在队伍前面弓下腰，再来充当人工桥。这个游戏需要的是强烈的合作精神，它要求每个孩子都必须要站得牢，保证让其他孩子从自己的背上跑过去。通过游戏，男孩便可以意识到只有通过合作大家才会齐心协力，一同进步，否则便如一片散沙，一事无成。

（3）男孩应懂得在竞争中合作。人世间，合作与竞争是相互并存的。然而，很多父母总是在男孩面前强调与人竞争，将来超过他人，却很少提倡让男孩与别人合作，共同进步。他们最关心的是孩子的学习成绩，最高兴的是孩子在班里的成绩名列前茅。这种仅仅重视竞争、忽视合作的做法是非常错误的。父母应该让男孩懂得，在学习上和同学是竞争对手，但在生活中应成为可以合作的好朋友。只有相互帮助，相互比较，大家才会取长补短，一起进步。

10. 男孩要做铮铮男儿，不带“娘娘腔”

男孩应告别“娘娘腔”，具备阳刚之气，将来成为一个顶天立地的男子汉。

当今社会，男孩缺乏阳刚之气已经成为一个不争的社会现实。以前人们凭借衣着、声音便很容易辨出男女，现在却变得困难起来。有的男孩说话细声细气，带着点“娘娘腔”的味道，这让很多父母十分担忧。

强强是家中的独生子，他的降临给家中带来了很多快乐。后来，随着他的长大，他的妈妈便发现儿子喜欢的是女孩喜欢的玩具，别人家的小男孩经常爬上爬下，而他却从不对这感兴趣。妈妈经过一段时间的调查，发现儿子的行为和他爸爸经常不在他身边有关系。由于强强的父亲常年工作在外，强强都是在母亲和保姆的教育下长大的。妈妈原本想要一个女孩，所以就把强强当女孩养了，从小就让强强穿裙子、给他买洋娃娃。母亲的这种错位教育让强强趋向于女性化。

对于缺乏阳刚之气的男孩，教育专家建议家长没必要大惊小怪，过分担忧，否则只会让男孩加深对自己的“异样感”，变得极其自卑和内疚。因此，父母要培养铮铮男儿，让自己的男孩不再“娘娘腔”，需要一个循序渐进的过程。

首先，父母要循循善诱，不应责备呵斥。父母在纠正男孩“娘娘腔”的不良行为后，务必要注意，最好做到不留痕迹。

其次，父亲应多抽出时间来陪儿子。父亲不论工作多忙，都要尽量抽出时间来多陪陪孩子，让男孩经常与父亲接触，观察父亲的一举一动，试着模仿父亲的动作，言行举止就会逐渐变得男性化。

11. 男孩要自信，不要轻易退缩

人生路上有岩石、暗礁、狂风大浪，也有无边的沙漠。自信的人

会把成长路上的荆棘和挫折当做自己成功的踮脚石。只有自信的人才能像骆驼一样在沙漠中行走，如果不能为成功庆贺，那么就为自信干杯，因为今天的自信就意味着明天的成功。

在美国，有一位名叫基恩博士的心理医生，他时常和周围的人讲这样一个故事：

一天，阳光明媚，公园里的花五颜六色，十分漂亮。几个白人小孩在一起玩耍，正玩得十分高兴。这时，公园里走来了一位卖氢气球的老人。白人孩子一窝蜂地跑了上去，每人买了一个，兴高采烈地追逐着放飞在天空中的色彩艳丽的氢气球。

在公园的一个偏僻角落，有一个黑人小孩在那里一动不动，他十分羡慕地看着白人小孩，可是不敢和他们一起玩。因为他们的肤色不同，其他人是白人，而他是黑人。所以，他根本没有信心与白人小孩一起玩。当所有的人都走后，黑人小孩胆怯地走到老人车旁，用略带恳求的语气问道："您好，可以卖一个气球给我吗？"

老人用慈祥的目光打量了一下他，温和地说："当然可以。你要一个什么颜色的？"

黑人小孩鼓起勇气说："我要一个黑色的。"

老人惊诧地看了小男孩许久，然后把一个黑色的氢气球给了他。黑人小孩拿到气球后十分开心，他的小手一不留神，黑气球在微风中冉冉升起，在蓝天白云的映衬下成为了一道别样的风景。

老人见状，用他的手轻轻地拍了拍小孩的后脑勺，说："孩子，你要记住，气球能升起，不是因为它的颜色和形状，而是气球内充满了氢气。一个人的成败不是因为种族、出身，关键是你的心中有没有自信！"原来那个黑人小孩便是基恩博士自己，他用自己的亲身经历说明了自信的重要性。

自信是人生成功的金钥匙。拥有自信，才会拥有一切，才会有成功的可能性。所以，男孩应该以积极的心态来面对现实，以百倍的勇气去迎接挑战，以乐观的精神去战胜困难，不断攀登人生的高峰，创造生命的奇迹。而一个缺乏自信的人经常会自怨自艾，悲观失望，从而埋没了自己的才智。

自信的力量是惊人的，拥有自信的人往往会创造奇迹。

西汉著名的军事家李广当年镇守边关，匈奴不敢越雷池半步，人们尊称他为“飞将军”。有一天，他外出打猎，隐约发现远处草丛里卧着一只老虎。于是他弯弓搭箭，猛力一射，不见有任何动静。他走近一看，原来刚才自己隐约看到的那只虎竟然是块大石头，整个箭头都被射进石头中了。这之后他退回原地，尽管射了好多次，但箭头始终不能再射进去了。

刚开始，李广把石头误当做老虎，自然不敢轻敌，当时心中的念头只有一个，那就是想一箭将老虎置于死地，因而他凭借臂力和百倍的信心，一箭射过去，箭入石中。后来他知道那只是块石头，不会伤人，也知道箭难穿石，于是信心不足，因此再怎么射也射不进去了。

自信对男孩一生的发展将会产生不可估量的作用。自信的男孩往往会处世乐观，做事主动积极，勇于尝试，乐于接受挑战；而整天悲观失望的男孩则在任何事面前表现出柔弱、害羞、恐惧的心理，他们不敢接受新生事物，不会与人主动交往，这会让他们失去很多学习和锻炼的机会，最终影响自身的发展。更有甚者，他们往往会产生自卑等不良心理，经常自暴自弃，怨天尤人。

令人堪忧的是，现实中缺乏自信的男孩随处可见。有关人士特意做了一项针对全国各地的调查，其对象是一千余名6岁至12岁孩子，调查表明40%的人认为自己“至少一两个方面完全丧失信心”。其中有的对自己的外貌、身高、体重等生理条件没有信心，有的则对自己的学习能力、运动水平和交友本领感到悲观。然而事实证明，这些孩子不论外貌还是能力，都是出类拔萃的。培养他们的自信心是至关重要的。

对于那些平时缺乏自信的男孩，由于他们长期在心灵深处建立了消极的自我预言，这会让他们不敢尝试新事物，这时他们所需要的是父母的鼓励。只有对他们及时予以积极的表扬与鼓励，他们才会逐渐走出心中自卑的阴影，慢慢对自己恢复自信。

培养男孩的自信心，就应该让他们清楚认识自己的现状。俗话讲，知己知彼，百战百胜。只有让男孩客观地认识自我，他们才会对自己的能力做出评估，对自己要做的事情进行衡量。只有心中有数，胸有成竹，男孩办事才会自信。每当遇到成长的困难时，男孩不应被困难吓倒，在困难面前低头，他们应该对自己有信心，树立起“我也行”的心理。

12. 男孩要认可自己，学会自我暗示

男孩要经常进行自我暗示、自我肯定，只有这样，他才会让自己恢复自信，对自己充满信心，战胜一切困难，不断取得人生的一个个进步。

心理学家罗西与亨里一起做过一个著名的心理实验。实验的过程是这样的：他们先把一班的学生分为三组，在他们每天学习后分别对他们测验。不过，他们对这三组的人采取了不同的方法。其中，研究者对第一组每日告知其学习成绩；对第二组每周告知其学习成就；而对第三组，则不进行任何报告。过了八周之后，他们调整了方式，仅仅对第二组学生告知每周他们的学习成绩，将第一与第三组的情况对调，即研究者对第一组不再报告学习成绩，而对第三组每天测验之后，告知其学习成绩。如此再进行八周之后，发现除第二组学生的成绩稳步地前进，继续保有常态的学习进度以外，第一与第三两组的情况大为转变，即第一组的成绩逐步下降，而第三组的成绩则突然上升。

这个实验表明，如果一个人及时知道自己学习的结果，就会经常激励他不断进步，他的进步就会非常快。相反，那些不知道自己学习效果的，时间一长自己就会变得盲目，学习就会变得被动，这样他们不仅难以进步，还会有所倒退。除此之外，实验表明，每日的反馈比每周的反馈带来的效率要高。由此可见，及时反馈学习效果对学习有着非常重要的促进作用，并且是即时反馈比远时反馈效果更好。

在控制论中，“反馈”本身就是一个概念，也被称为回馈或反馈作用，它指的是由一个或多个成分构成的系统中，将输出端的信息返送回输入端并对信息的再输出发出影响的过程。心理学中借用这一概念，称为“反馈效应”。它说明，只要学习者对自己的学习结果经常了解，就会对学习起到一定的作用，促进学习者更加努力学习，提高学习效率。

积极的自我暗示称为自我肯定，是对某种事物的有力、积极的叙述，这是一种我们正在想象的事物坚定和持久的表达方式。进行肯定的练习，能让人们开始用一些更积极的思想和概念来替代过去陈旧的、否定性的思维模式。这是一种强有力的技巧，一种能在短时间内改变人们对生活的态度和期望的技巧。

对于男孩，如果他经常进行自我暗示，告诉自己“我是最棒的”，他就会自我肯定，自我激励，让自己不断进步。经常自我暗示的人，他的人格会不断完善，一旦养成这个习惯，他就会积极面对一切难题。

第七章

男性天生刚劲，释放男孩的英雄本色

是男儿，就要做好男儿，显露英雄本色。英雄的特征有很多，比如志向远大、勇敢无畏，等等。男孩心中自有一股英雄气，一旦激发出来，自会顶天立地，敢打敢拼。有了这种意志和奋斗精神，不怕他没有出息。

1. 男孩立志要趁早，有了目标不彷徨

志向是人生的起点，而立下志向是成功的开始。对于男孩，父母要鼓励他们根据自己的兴趣，立下远大的理想。只有胸有大志，将来才会建功立业，事业有成。

古往今来，但凡成就事业者，无一不是从小立下远大志向的。只有立下志向，一个人才会有无尽的动力为之一搏，为之奋斗。而那些没有志向的人终其一生只能庸庸碌碌，一辈子碌碌无为，毫无建树。

李嘉诚是商界家喻户晓的人物。当李嘉诚还年幼的时候，有一次父亲李云经带他来到了汕头海边。茫茫的大海一眼望不到边，滚滚的波涛向海边涌来。父亲一边和他欣赏海边的美景，一边向他讲述生活中的道理。然而，此时此刻，年幼的李嘉诚并没有过多在意眼前的美景和父亲所讲的生活道理，他把目光投在了港口的巨轮上面，对停泊在码头的巨轮产生了浓厚的兴趣。

看着来往如梭的巨轮，李嘉诚觉得如此巨大的轮船竟然能够在海上破浪前行，这实在是让人觉得不可思议。他用手指着巨轮，对父亲说："爸爸，我长大后要成为这个巨大轮船上的船长。"

这个愿望要是给了普通家长，他一定会觉得这只是孩子的一厢情愿，是孩子的痴心妄想。而李嘉诚的父亲却十分高兴，他对儿子说：

“好孩子，你真有志向！不过你要注意的是做一个船长是非常不容易的，他必须考虑很多问题，只有思考全面才能让轮船驰骋于海洋。”

父亲将手搭在李嘉诚的肩膀上，说：“你看，现在天气很好，船只在海中航行就比较安全。但是，如果出海后，风暴来了怎么办？做船长的人，就得提前想到这种情况，提早做好一切准备工作。其实，做任何事情都要像做船长一样，预先考虑周全，随时准备应付一切问题。”

大凡有志之人，不管年长年幼，他们只要心里树立了宏大的目标，就会有永不枯竭的动力和毫不气馁的行动。当李嘉诚从小树立了做船长的意识后，他就抓紧时间，躲在自己的小书房里如痴如醉地看海洋方面的书，海阔天空地去考虑各种突然遇到的问题。

虽然最后李嘉诚没能如愿当上巨轮的船长，但是他至始至终都是以做船长的意识去经营自己的公司和人生。在他的眼中，自己的人生就是一条在海洋中乘风破浪的航船，他还将自己苦心经营的李氏王国比作一条在商海中勇往直前的船，而他就是在波峰浪谷中航行的船的船长，他用自己的理念缔造了商界的神话。

美国哈佛大学做过这样一项调查，它针对的是一群年龄相仿、能力接近的年青人，调查的是关于他们的人生志向。调查结果表明，在受访人中，只有3%的人拥有远大的志向，10%的人仅有短期的目标，27%的人没有任何志向，60%的人志向不明确。数年后，调查组对他们进行了跟踪，结果发现：占少数3%的人成为了社会精英，为社会做出了巨大的贡献；而10%有短期目标的人处于社会的中上层，跨越社会的各大领域；27%没有任何志向的人整天浑浑噩噩，虚度光阴；60%志向不定的人则是社会上的大众群体。

哈佛大学的调查深刻地表明，一个人能否有远大志向，将会决定他一生的成败荣辱。巴斯特说过：“立志、工作、成功是人类活动的三大要素。立志是事业的大门，工作是登堂入室的旅程，这旅程的尽头就有成功在等待着，来庆祝你努力的结果。”只有立下大志向，才会有大事业；那些幻想着创办大事业而不愿去立下大志向的人，只能是痴心妄想，只能是痴人说梦！

立下大志向，下一步就要确定目标，将大志向分成能够落实的具体几个步骤。如果一个人空有志向而无动于衷，那么志向永远是个遥不可及的梦想。

管理学中有这样一个妇孺皆知的故事：有人曾经做了一个实验，他分别组织三组人，让他们分别向十公里以外的三个村子步行。

第一组的人不知道村庄的名字，也不知道路程有多远，只告诉他们跟着向导走就是。刚走了两、三公里就有人叫苦，走了一半时有人几乎愤怒了，他们抱怨为什么要走这么远，何时才能走到，有人甚至坐在路边不愿走了，越往后走，他们的情绪越低。

第二组的人知道村庄的名字和路段，但路边没有里程碑，他们只能凭经验估计行程时间和距离。走到一半的时候，大多数人就想知道他们已经走了多远，比较有经验的人说大概走了一半的路程。”于是，大家又簇拥着向前走。当走到全程的四分之三时，大家情绪低落，觉得疲惫不堪，而路程似乎还很长。直到有人说“快到了”，大家又振作起来加快了步伐。

第三组的人不仅告诉他们村子的名字、路程，而且公路上每一公里就有一块里程碑，人们边走边看里程碑，每缩短一公里，大家便有一小阵的快乐。行程中，他们用歌声和笑声来消除疲劳，情绪一直很高涨，所以很快就到达了目的地。

从这个故事中可以分析，三组人同样是走十公里路，其结果却大相径庭。究其原因，那是由于前两组人没有明确的目标，而第三组的人则不然，他们不仅有明确的目标，而且他们通过实现目标分享成功的快乐。

为人父母，家长不仅要鼓励男孩树立远大的志向，更要让他们学会确定明确的目标。只有将志向通过目标落实到位，志向才会有其实

际意义，才不会因此而成为空谈。俗话讲，自古英雄出少年。的确，少年英雄多才俊，少年是人生的黄金时光。如果家长能够根据孩子的自身情况让孩子树立适合自己的远大理想，相信将来他一定不会辜负家长的期望，成为为社会添砖加瓦的有用人才。

2. 男孩要有追求，敢于战胜自我

男孩要想成就事业，有所建树，只有凭借自己的顽强拼搏。他要始终坚信一点：一个先天愚笨的人，如果后天不懈努力，他同样能够战胜自我，变得聪明。与之相反，一个先天聪慧的人，后天满足现状，等待他的只能是失败。

在求知的漫长道路上，一个人不管他出身卑微还是优越，关键是他自己个人的努力，只要他怀着执著的信念，他就迟早会取得非凡的成绩，实现自己的追求。

在美国，有一个少年，他从小树立的梦想是当一名赛车手。后来，当他长大后在部队服役期间，他向长官请求学习驾驶汽车，长官答应了他。其实，这是他在为自己做一个优秀的赛车手而默默准备。

少年退役后，来到一家农场，为农场主开车。为了实现自己的梦想，他利用业余时间，一直在坚持参加一支业余赛车队的技能训练。他十分积极，一旦有机会练车，都会想尽一切办法参加。

有一年，美国威斯康星州准备举行一场赛车比赛。少年听到这个消息后十分高兴，他马上报名参加。当赛程进行到一半多的时候，他的赛车位列第三，因此，他非常有希望在这次比赛中获得好的名次，甚至是冠军。

然而就当胜利在望的时候，不幸却发生了。就在快要到达终点的时候，他的赛车和前面的赛车发生了严重的碰撞事故。两车相撞，赛车燃烧起来。少年在这次事故中被严重烧伤，体表烧伤面积达40%。经过医生的全力抢救，他才从死神的手中挣脱出来。不过遗憾的是，他的手指被严重烧伤，萎缩在了一起，这意味着他的手残废了，他再也不能开车了。

这个不幸的消息对少年来说，无疑是晴天霹雳，可是这仍然没有打消他的梦想。于是他无数次强忍痛苦，接受了植皮手术。另外，为了训练手指的灵活性，他还不停地练习用残余的手指去抓木条。当他做完最后一次手术之后，他又回到了农场，换用开推土机的办法使自己的手掌重新磨出老茧，并继续练习赛车。

生命创造奇迹，九个月后，少年重返赛场，他参加的是一场公益性的赛车比赛。可惜的是他并没有获胜，他的车在中途意外地熄了火。不过，在随后的一次全程200英里的汽车比赛中，他取得了第二名的好成绩。

又过了两个月，少年再次勇敢地站在了上次发生事故的那个赛场上。这次他并没有因上次的事故而心生恐惧，相反，他胸有成竹。经过一番激烈的角逐，少年最终赢得了250英里比赛的冠军。

这个少年就是吉米·哈里波斯，美国颇具传奇色彩的伟大赛车手。他用自己的毅力创造了生命的奇迹。如果换做常人，他一定会在那次事故之后永远不再开车，但是吉米·哈里波斯却不是，尽管他遭受了一生中最大的灾难，但是他却没有对自己失去信心。他依靠自己，进行非人的训练，终于实现了自己的理想。

美国著名学府哈佛大学的罗森塔尔博士在加州的一所学校曾经做过一个著名的实验。当新学期开始的时候，为了让学生的成绩有所提高，罗森塔尔博士特意让校长叫来了三位教师，他讲道："根据你们过去的教学表现，你们是本校最优秀的老师。因此，我们特意挑选了100名全校最聪明的学生组成三个班让你们执教。这些学生的智商比其他孩子都高，希望你们能让他们取得更好的成绩。"

三位老师听后有点受宠若惊的感觉，心中自然是无比地高兴。同时，校长还特意叮嘱他们，要以平常心去对待这些孩子，千万不能让他们或他们的家长知道他们是被特意挑选出来的，三位老师爽快地答应要保守秘密。

一学年过去了，这三个班的学生成绩提高迅速，果然排在整个学区的前列。这时，校长才告诉了老师真相。原来这些学生只是校长随机抽调的普通学生，根本不是先前所讲的刻意选出来的。而他们三个人也是如此，不过是随机抽调的普通老师。

由此可见，即使不是天才，同样可以经过个人的艰难打拼获得成就。正是依靠自己的努力，才会及时发掘出自身内在的潜力，从而改变自己的命运。

3. 男孩要无畏，做个追梦英雄

每个男孩都会有自己的梦想，然而随着时间的流逝，自己的梦想往往只是一个奢望。很多人会将其归咎于自己当时的不现实，其实，只要有梦想就要敢于去拼一拼，闯一闯，做个追梦英雄，相信会有好的回报。

冯·布劳恩是美国乃至世界闻名遐迩的火箭专家。儿时的他有一个愿望：自己有一天能像小鸟那样自由翱翔。于是，他开始对天文和火箭感兴趣，先后进行了无数次的实验。由于条件限制，实验往往总是以失败告终。不过这并没有让冯·布劳恩灰心失望，他依旧在不断坚持着，等待“奇迹”的发生。

有一天，冯·布劳恩准备用六支特大的烟火绑在他的滑板车上，然后点燃了导火线。随着烟火的爆炸声此起彼伏，滑板车飞速般向前驶去。这位少年也被摔了出去，重重地摔在地上。由于爆炸声巨大，引来了一群警察。冯·布劳恩被带到了警察局，受到了一顿训斥。

大学毕业后，冯·布劳恩领取了飞机驾驶执照。过了不久，他便进入佩内明德大型火箭实验基地担任技术部主任，负责火箭方面的研制工作。第二次世界大战后，冯·布劳恩亲自来到美国研制火箭。在他领导下研制的丘比特火箭，将美国的第一颗人造卫星送入了太空，“土星”系列火箭由此成为了登月的核心。

布劳恩之所以能够在航天领域有所建树，这与他从小怀着远大的理想是分不开的。很多时候，人们会觉得儿时的梦想很天真，现实中不可能实现。其实这些都是次要的，小时候，男孩的可贵之处在于他们无所畏惧，勇往直前，尽管有时候自己的想法会很幼稚，但是他们不怕不完美。为了早日实现心中的梦想，他们跃跃欲试，敢于尝试。

实现梦想的道路不会一帆风顺，前进的路上一定是荆棘丛生，坎坷不断。为了实现自己的梦想，面对困难与挫折，每个人一定要锲而不舍，执着追求。在现实中，有的人可以实现自己的梦想，有的人则不然。这种天壤之别就在于前者能够勇于坚持自己的梦想，不管遇上

多大的困难都毫不放弃，而后者则是三天打鱼，两天晒网。

稽康是我国魏晋时期的思想家、文学家，他在《家诫》中说：“人无志，非人也。但君子用心，所准欲行，自当量其善者，必拟议而后动。若志之所以，则口与心誓，守死无二，耻躬不逮，期于必济。”这是在讲，人活一辈子，只要确定志向，就要心口如一，不要更改。稽康的这段教子书，是要告诫儿子既然已经立志，就不能为外物所移，一定要坚持到底。

父母一定要支持男孩坚持自己的梦想，为梦想而不懈追求。父母可以通过讲述自己的经历来与男孩谈论他的梦想，讲一讲自己在实现梦想中所遇到的困难以及自己是如何去克服的。男孩一定会从中有所借鉴，对他在现实中追求梦想不无裨益。

4. 命运掌握在自己手里，男孩要敢于打拼

人生在于顽强拼搏，即使遇上天大的灾难，只要不自暴自弃，能够不懈拼搏，就可以创造生命的奇迹。

有一首歌这样唱道：“三分天注定，七分靠打拼，爱拼才会赢。”作为顶天立地的男子汉，男孩就不能向眼前的困难低头，不能被暂时的逆境压倒。只有勇于拼搏，不畏艰险，才能战胜重重困难，为自己远大的理想而奋斗。

"如果你只剩下一只眼睛，你会不会哭泣？如果你少了一条腿，你会不会悲伤？如果你失去了一双手，你会不会痛不欲生？如果你同时失去了一只眼睛、一条腿、一双手，你还活得下去吗？"对于任何一个正常人而言，以上的任何一种假设都是极其残忍的，都是无法接受的。然而，谢坤山就是在这样的条件下为自己的人生理想而顽强拼搏。

谢坤山出生于台湾，他从小便过着清贫的生活。谢坤山的家庭并不宽裕，爸爸一直身体不好，当时他连踩三轮车都十分费力，总是上气不接下气。为了减轻家庭的负担，谢坤山在上国小时便替父母分担家务。他捡过破烂，卖过枝仔冰，还养过鸭。这些经历让他从小便懂得了吃苦耐劳。

谢坤山13岁的时候，小学毕业了。毕业后，他的第一份工作是在一家饲料厂。当时爸爸嘱咐他做事不要怕吃亏，更不要斤斤计较，能多做就多做，这样才会受到老板的欢迎。他牢记爸爸的话，尽管工作条件艰苦，工作时间长，工作量大，但是他还是坚持了下来。

15岁那一年，谢坤山全家举家搬到了台北。由于家境贫寒，他们一家六口住在一间大约五六平米的房间。原本以为来到台北生计会比较容易，没想到居住的环境出乎意料，有点儿糟糕。刚开始，谢坤山有点儿失望，不过乐观开朗的他还是恢复了斗志，期待着能够在台北找到一个好工作，赚钱来养家糊口。他先后在钢铁厂和铁材行工作，然而时隔不久，他的人生灾难来临了。

16岁那年的一天，谢坤山如同往常一样坐着公交车准备上班。在公交车上，他感到自己的脚奇痒无比，因此一到工厂便将鞋脱掉，光着脚丫子去工作。当他来到三楼的阳台后，按照同事的吩咐，接住了一根从楼下传上来的钢管。没想到的是，钢管突然误触到高压电，一瞬间惨剧发生了。谢坤山顿时成为了一个传电的超导体，他的全身立即流过了3300伏特的高压电，他惨叫一声，昏倒在地。

谢坤山醒来的时候，他本人已经躺在了医院。他简直无法相信自

己的眼睛，先前健全的身体一下子变得惨不忍睹：手肘被爆裂开来的部分，有的骨头失去皮肉掩护而裸露出来。后来他才知道，当他出事以后，幸亏有一位同事见义勇为，抓起木梯猛力一敲钢管，使谢坤山和闪着火光的钢管分开。当时同事们看见谢坤山血肉模糊，不省人事，还以为这么一位敬业的小伙子已经丧失性命了。同事们赶紧叫来了急救车，将谢坤山送往医院，他们希望奇迹能够出现，希望医生能够将谢坤山从死亡线上救回来。

经过医生的紧急救援，谢坤山终于捡回了一条命。但是，从此他的肢体不再健全，他成为了一个残疾人。16岁，花一样的年纪，但是对于谢坤山来讲，却遭遇了人生悲惨的一幕。他的双手受创很重，右脚已经被严重烧伤，左脚的指头也被烧坏。总之，他的伤势实在太严重了，如果不及时进行截肢手术，他的生命将会受到威胁。

在谢坤山人生的十字路口，母亲的坚强成为了他活下来的动力。世界上最伟大的爱莫过于母爱，而当自己的亲身骨肉遭遇横祸时，最心疼的人莫过于母亲。谢坤山的母亲在他的面前强忍着泪水，外表很冷静，实际上心在滴血。对于一个贫困的家庭来讲，昂贵的医药费会使这个家庭雪上加霜。当时母亲告诉医生，不论付出任何代价，都得想方设法将自己的儿子救回来，哪怕给儿子做截肢手术也在所不惜。谢坤山心里想着，既然妈妈不肯放弃我，我更不能放弃我自己。从鬼门关捡回来的第二次生命，绝对不应该是用来忧伤和自暴自弃的，应该是积极、健康的活下去。

在医院治疗的时间里，母亲总是寸步不离地守在谢坤山的病床边，累了就趴在床边休息，就是不放心回家睡觉。谢坤山就像一个特大号出生的婴儿，母亲无微不至地照顾着他。每日三餐，她总是先把谢坤山喂饱之后自己再吃，那时饭菜早已凉了。母亲含辛茹苦的照顾，谢坤山看在眼里，疼在心里。看到母亲为了照顾他不分昼夜，不辞劳苦，他实在是不忍心。

为了不再让母亲操心，不再耽误她吃饭的时间，谢坤山经过思考发明了吃饭的道具。从此，他可以用自制的汤匙将饭菜送进自己的嘴巴，他终于能够为母亲分担一份负担了。接下来，他又开始尝试用嘴巴来做其他一些事情，比如翻阅书报杂志等。这使得谢坤山以前无聊单调的生活多了一份快乐，他终于能通过看书来打发时间了。

就在谢坤山在向独立迈出了第一步后，他的家庭又遇上了不幸的事情。原来母亲积劳成疾，病倒了。母亲一下子住进了医院，谢坤山也没有人来照顾，这时坚强的谢坤山下定决心，要自己照顾自己。首先，他准备学会自己洗澡。经过无数次的尝试，谢坤山用衣夹夹住水管的出口，终于能够自己洗澡，他再次完成了人生的又一次壮举。

人生在于顽强地拼搏，即使遇上天大的灾难，只要不自暴自弃，就可以创造生命的奇迹。谢坤山就是这样，虽然他失去了双手，但是他通过自己的坚强，依然可以完成常人可以做出的事情。

由于只有小学文化的水平，24岁时谢坤山决定用晚上的时间到国中补校，继续他中断了十一年的学业。儿时的谢坤山聪明好动，不爱学习，可是经历了人生的风风雨雨，他急切希望通过知识来拓展人生的视野，充实自己的心灵。通过自己的努力，谢坤山考上了建国中学补校，完成了高中教育。

谢坤山立志要自学成才，小时候他特别喜欢画画，因此他决心用自己的嘴来画画。首先，他从练字开始，起初他用嘴紧紧地咬住一支笔，费尽九牛二虎之力才在纸上写下“谢坤山”三个东倒西歪的字。后来时间一长，他发现自己的嘴因练字而被弄得伤痕累累，有时甚至被弄了两三个破洞。后来在自学作画的时候，他的嘴更是受尽疼痛之苦。那一阵阵苦如利箭穿心，常常痛得他几乎咬不住笔。然而，他从来没想过放弃，即使在最困难的时候，他也坚持了下来。当他学着用小刀削铅笔时，不仅头痛牙痛，而且脖子还痛。当他小心翼翼地用小刀削好铅笔时，感觉自己仿佛克服了人生的最大难关。由于长时间的

作画，他的眼睛离图纸太近，对他的视力造成了极大的负荷，但是在顽强的谢坤山的生命中，这简直是微不足道的困难，他凭借着坚强的意志照样每天练习。通过克服重重困难，谢坤山从点滴做起，逐渐积累，成为了台湾的知名画家。

谢坤山不向命运屈服，他通过自己的抗争，乐观积极地面对生活，面对人生的种种灾难。在常人看来，没有了双手，没有了一只脚，这意味着人生的灭亡。但是到了谢坤山的眼里，他依旧用脸上灿烂的笑容来迎接一切。作为男孩，当他了解了谢坤山叔叔的事迹后一定会受到深刻的鼓舞。男孩应该向谢坤山学习面对逆境不懈拼搏的精神，学习他乐观向上、豁达开朗的精神。

5. 男孩要有竞争意识，在挑战中不断进取

培养男孩的竞争意识，能够激发男孩强烈的求知欲望，让男孩在激烈的竞争中不断进步，使他的才能得到充分展示，自尊心、自信心得到不断加强。

现代社会是一个竞争激烈、优胜劣汰的社会，人们的竞争意识正在逐渐加强，甚至已成为现代人一种极为重要、普遍存在的习惯。竞争意识是人们在长期的社会实践活动中形成和发展起来的，具有高度的社会性。它具有十分重要的意义：有了竞争意识，个人才有奋斗的动力，社会才有前进的活力。

教育的根本目的，在于为社会培养合格的人才。只有受教育者在教育过程中不断提高，教育的目的才会实现。在实现这一目标的过程中，最重要的一项任务便是培养学生的竞争意识。

小安和小孟是同班同学，平时关系很要好，他们的成绩也是不分上下。在学校，他们是同桌，学习上有困难时总是相互帮忙；课后，他们经常一起做作业，温习功课。有一次期中考试，小安的语文成绩是93分，数学成绩是95分，而小孟则分别是91和94分。这让小孟觉得很没有面子。他的父母对他也是很不满意，因为平时他们经常在一起，别人总是拿他们作比较。这让小孟对小安有点排斥，甚至觉得是小安的成绩让自己在别人面前难堪。所以，他便刻意疏远小安。时间一长，原本友好的小伙伴之间便产生了距离感，从此不在一起讨论功课。

小安和小孟的事例，在众多学生身上都会发生。面对同伴的优异成绩，男孩如何面对竞争，是他们人生成长必须面对的话题。父母在教育男孩的过程中，必须让男孩明白，竞争是社会发展的动力。具体到个人，当别人的成绩比自己强时，自己不应妒忌别人，不能因别人的长处而处处奚落别人。有的人就是不希望看到别人的进步，产生强烈的妒忌心理。妒忌是一种扭曲的心理状态，是一种比仇恨更强烈的恶劣情绪。无论是相貌、衣着、才干、特长、品识，还是家庭情况等等，都可能成为同伴妒忌的对象。妒忌的危害极大，它可能会使人失去所有的朋友，特别是在某些方面超越自己的朋友，使得自己无法取他人之长为己用，无法取得进步。

面对自己的竞争对手，平和的心态是最重要的。当自己遭到竞争对手的诬陷时，不要记恨在心，以牙还牙，伺机报复；当对手蒙受误解时，仍然要实事求是，客观公正地为对手澄清事实，洗刷污点。只有以宽广的胸怀面对竞争对手，自己才会赢得对手的尊敬和佩服，赢得大家的信赖和支持。

真正的勇士是不惧怕竞争的，反而更希望竞争来临，因为只有竞争才能显示出他们的实力；只有竞争，才能让他们脱颖而出。胜利了不要骄傲自满，失败后也不黯然伤神。因为强中自有强中手，一山还比一山高。即使失败也不要放弃，因为胜败乃兵家常事，只要找出失败的根本原因，就会有反败为胜的机会。

6. 自力更生，是男孩就要有男子汉的气概

成长的过程中，男孩所缺少的是超人的胆识和能力。是男孩，就要有男子汉的气概，依靠自己创出一片天空。

大仲马是19世纪法国积极浪漫主义作家，他的一生著作无数，各种类型作品多达300卷，被别林斯基称为“一名天才的小说家”，被马克思认为是“最喜欢”的作家之一。

有一天，儿子小仲马寄出的稿子再次碰壁，大仲马于是对他说：“如果你能在寄稿的同时也注明‘大仲马是我的父亲’，也许稿子当时就会被采用。”然而小仲马并不认同，他只是摇了摇头，固执地说：“我决不这样做，人生是我自己的，我不想坐在你的肩头上摘苹果，那样摘来的苹果没有味道。”自此以后，年轻的小仲马拒绝了以父亲的名义为自己撑腰，而且不露声色地给自己取了十几个其他姓氏的笔名，以此来避免那些编辑先生们联想到他是大仲马的儿子。

当自己的稿件依旧被退回的时候，小仲马并没有沮丧，他仍然坚持着创作自己的作品。长篇小说《茶花女》问世后，作者绝妙的构思和精彩的文笔深刻震撼了一位资深编辑。他觉得这部作品一定能震惊世人，于是他看了看地址，由于自己曾经和大仲马有过书信来往，所以他认定这本稿子出自大仲马之手，怀疑是大仲马另取的笔名。不过令他不解的是，这部作品的风格和大仲马迥然不同，带着这种兴奋和疑惑，这位编辑迫不及待地乘车造访大仲马。

出乎所有人意料的是，《茶花女》这部惊世之作并不是赫赫有名的大仲马的作品，真正的作者是名不见经传的小仲马。于是，编辑疑惑地问小仲马："您为什么不在稿子上署上您的真实姓名呢？"小仲马回答说："我只想做最真实的自己。"自从《茶花女》出版后，法国文坛书评家一致认为这部作品的价值远远超越了大仲马的代表作《基督山恩仇记》，小仲马终于凭借着自己的力量创造了一片真实的天空。

著名的教育家陶行知先生有一首著名的《自立立人歌》："滴自己的汗，吃自己的饭，自己的事情自己干，靠天靠人靠祖不算好汉。"这是在讲，一个人要自力更生，既不能一味依靠年迈的父母，也不能指望于运气，一切都得依靠自己。一个自立自强的人绝不会因一点细雨就躲进父母的怀里，他不会在生活中守株待兔，游戏人生，他会拿起自己手中的伞，为自己撑起一片天空，他会把时间当作海绵里的水一样挤出来，为自己的理想拼搏。

对于男孩而言，唯有自立才可以成为生活的强者，才可以从平凡走向辉煌。男孩的人生路不可能一帆风顺，会充满不少困难。面对荆棘和挫折，如果男孩只会哀求命运的怜悯和别人的可怜，只会盲目乐观，等待他的只能是失败后的沮丧与痛苦。只有自立，才能创造出美好的未来，才能战胜自己的命运。如果男孩一直生活在家庭、学校的保护伞下，那么他们做人将会是失败的，他们的命运将是悲苦的。男孩所追求的应该是自己的生活，为了自己的理想而不懈追求。过分

依赖家庭，过分依赖父母，只会说明他是一个懦弱的人，是生活的弱者。因此，男孩应该独立自强。

7. 男孩要大胆，敢于尝试就会有收获

不管前方的路如何，不管等待自己的是成功还是失败，只要有勇敢者的气魄，就要坚定而自信地对自己说一声：“再试一次！”因为再试一次，就有可能达到成功的彼岸！

有一年夏季，美国密苏里平原经历了一场前所未有的暴风雨，洪水冲毁了很多农庄和房屋，很多家庭在这场灾难中遭受了灭顶之灾。一个小男孩儿的家就是在这场风雨中被毁的，他的一家人陷入了绝境，生活条件更加艰苦。

有一天，男孩去参加瓦伦斯堡的集会。他遇到了一位演说者正在演讲，演说者雄辩的技巧、扣人心弦的故事深深地影响了男孩。在男孩的头脑中，忽然产生了一个强烈的愿望，那就是成为一个演说家。

男孩高中毕业后，就读于密苏里州华伦斯堡州立师范学校。为了出人头地，他参加了演讲比赛，获得了胜利。开始时，他连连失败，于是心灰意冷，甚至对自己的能力产生了怀疑。又一次的比赛结束后，他拖着疲惫的身子往家走，路过一座桥时，他停了下来，久久地望着下面的河水。

“孩子，为什么不再试一次呢？”父亲站在了男孩的身后，眼神中充满了信任与鼓励。因此，男孩并没有放弃，在接下来的两年中，华伦斯堡的人们几乎每天都可以看到一个身材颀长、清瘦、衣衫破旧的年轻人，一边在河畔踱步，一边背诵着林肯及戴维斯的名言。他是那么全神贯注，以至达到了忘我的地步。

后来，男孩的一篇以《童年的记忆》为题的演说，获得了勒伯第青年演说家奖。这是他第一次成功尝试，这份讲稿至今还存在华伦斯堡州立师范学院的校志里。

这个男孩就是后来大名鼎鼎的戴尔·卡耐基，美国著名的成人教育家、心理学家和人际关系学家，他的《成功之路》系列丛书创下了世界图书销售之最。在他去世后的许多年里，在世界的各个角落，人们仍在以不同的方式不断地提起他的名字。现如今，卡耐基所开创的“人际关系训练班”遍布世界各地。

著名的思想家艾丽丝·亚当斯曾经说过：“世上没有所谓的失败，除非你不再尝试。”卡耐基富有传奇色彩的一生让人在感慨的同时，也带给了我们深深的思考。许多时候，面对挫折与失败，或许我们也该对自己说这样一句话：为什么不再试一次呢？成功最需要的也许就是再试一次的勇气。

亚洲有一家穷人，他们的目标是经过多年的省吃俭用，攒够钱后购买去往澳大利亚的下等舱船票的钱，打算全家到富足的澳大利亚去谋求发财的机会。

为了节约，在上船之前妻子准备了许多干粮，因为航船要经过十余天才可以到达目的地。船上豪华餐厅的美食让孩子们忍不住向父母哀求，希望能够吃上一点，哪怕是残羹冷饭也行。然而为了做人的尊严，父母不希望自己被那些用餐的人小瞧，所以他们守住自己所在的下等舱门口，不允许孩子们出去。于是，孩子们就只能和父母一样，在整个旅途中都吃自己带的干粮。事实上，家长也很希望吃到美食，

不过他们一想到自己空空的口袋就打消了这个念头。

就在旅途还有两天就要结束的时候，这家人所带的干粮全部吃光。父亲实在被逼无奈，只好去求服务员赏给他们一家人一些剩饭。听到父亲的哀求，服务员吃惊地说："为什么你们不到餐厅去用餐呢？"父亲回答说："我们根本没有钱。""只要是船上客人，都可以免费享用餐厅的所有食物呀！"听了服务员的回答，父亲大吃一惊，几乎要跳起来了。

如果他们当时多问一问，就不至于在一路上都啃干粮了。归根到底，他们不去问船上的就餐情况，是因为他们没有足够的勇气，早已在自己的脑子里为自己设限：穷人是没钱去豪华餐厅里享受美味食物的，于是错过了十几天享受美食的机会。

不尝试就不会有成功，人的一生，由于没有勇气尝试而导致失败的事情不计其数。所以，男孩应该胆大心细，勇于尝试。只有鼓足勇气去尝试，自己才会有可能获得成功。如果总是观望，不去尝试，等待自己的只能是失败，永远没有成功的机会。

对于男孩，他们的人生旅途上沼泽遍布，荆棘丛生，他们所追求的风景总是山重水复，不见柳暗花明，他们的步履总是沉重、蹒跚。不管前方的路如何，不管等待自己的是成功还是失败，都要敢于尝试，因为再试一次，就有可能到达成功的彼岸！

8. 男孩要大胆提问，不被权威束缚

学贵在疑。只有不断提出疑问，才会有新的问题，才会有所突破。不要被权威震慑住了，权威同样可以被推翻。

有人曾经问科学家爱因斯坦成功的秘诀，他这样回答：“我没有什么特别的才能，不过喜欢寻根刨底地追究问题罢了。”在爱因斯坦眼中，提出问题比解决问题更加重要。他说：“在科学的研究中，发现问题要比解决问题难得多，意义也更大。解决问题只是实验手段的问题，提出问题则需要改变思维方法，有创造能力才行。”

古人云：“学贵多疑。”不疑不进，小疑小进，大疑大进。这说明学习要想取得进步，就必须大胆提出疑问。有了问题才会去寻求突破口，才能真正解决问题。

历史证明，善于质疑的人往往能够取得卓越的成就。著名的数学家希尔伯特从小便喜欢提出各种问题，这促使他今后成为赫赫有名的人物。在第二届国际数学家大会上，希尔伯特做了题为《数学的问题》的报告。他一针见血提出了当时数学领域中的23个重大问题，后来被称为“希尔伯特问题”。这些问题的提出，有力地促进了数学的发展。为此，希尔伯特总结道：“只要一门科学分支能提出大量的问题，它就充满着生命力，而问题缺乏，则预示着独立发展的衰亡或中止。”因此，

父母应该从小培养男孩质疑的习惯，对他们的质疑应该大力鼓励。有时候，父母会觉得男孩提出疑问是故意刁难自己，还有的父母出于保护自己的自尊会对男孩的提问进行批评，这些都是不正确的做法。

父母应该认真回答男孩提出的每一个问题。男孩的好奇心是他们提出问题的来源，是他们探究世界未知事物的动力。由于思维的幼稚或者知识的欠缺，在成人眼里，男孩提出的问题有可能会很可笑，甚至有点异想天开。这时，父母千万不能嘲笑男孩的幼稚。现实中，有的父母怕麻烦而敷衍了事，不愿意认真回答问题。长此以往，男孩善于质疑的习惯就会逐渐消失。高尔基说过：“对儿童的问题，如果回答说等着吧，长大了就会懂，这等于打消了儿童的求知欲。”

北宋学者程颐说过：“学者先要会疑。”这是在讲，学习要想取得进步，贵在提出疑问。因此，当男孩经过认真的思考提出问题时，不管问题是多么天真幼稚、不可思议，父母也应该持鼓励的态度，保护男孩用心思考的精神。

有一次，小智和爸爸坐飞机一起前往上海。途中，小智一直在和父亲讨论一些有趣的问题。比如飞机怎样飞，飞机在飞的时候为什么“不会动”，飞机上的窗户为什么不能够打开，这么大的飞机是怎么飞上天的，为什么人不会飞，等等。对于男孩提出的任何问题，父亲总是耐心地回答。不过由于能力有限，父亲并不能准确回答每一个问题。因此，父母应该区别对待男孩的问题，对于男孩能够自己解决的问题，父母最好鼓励他自己去解决。这样，不仅解决了孩子的问题，也可防止孩子养成依赖父母的习惯。如果父母也不好回答的，要引导孩子进一步学习知识，让孩子自己去寻求答案。

在回答孩子提出的问题时，需要注意的是，回答不能含糊其辞，而要十分明确，一定要给孩子正确的回答，不能胡编乱造蒙骗孩子。否则，如果男孩发现父母回答的答案是在糊弄他，敷衍他，他就再也不会有质疑的习惯了。

9. 男孩要大胆怀疑，以后才能有主见

怀疑是男孩的天性，他之所以提出怀疑，是因为他经过了大脑的思考。有了怀疑的精神，男孩便会有学习的动力。因此，父母对于男孩的怀疑要予以提倡。

有一天在课堂上，老师讲蚯蚓的再生能力很强，如果被断成两截，它也可以顽强地活下去，而且它还有可能分别再生长出完整的蚯蚓。吴强听后觉得很好奇，甚至有点不相信。他决定事后弄个明白，于是挖来蚯蚓断开两段，放在窗台上养起来。父亲发现后非常生气，觉得他在搞恶作剧，不仅狠狠打了他一巴掌，还把蚯蚓扔出窗外。吴强感到很委屈，自此以后他再也不敢对好奇的事情怀疑了。

怀疑与好奇是男孩的天性，他们对事物往往会有自己独立的见解，不会对某个结论轻易认同。如果男孩对身边的事大胆怀疑，父母不能对他们予以打击，乃至批评，而是要鼓励他们。男孩的怀疑是十分可贵的，有时他们的怀疑很可能得出科学的硕果。

有一位外国心理专家，曾经针对外国小学生和中国小学生做过一项深入调查，他所出的题目是：一艘船上有86头牛，34只羊，这艘船的船长年纪有多大？面对这样一道题目，两国学生做出了截然不同的反应。超过90%的外国小学生对题目提出异议，他们认为这道测试题根

本没有答案，有的甚至对老师进行嘲笑。而中国小学生的回答却正好相反：80%的同学经过考虑认真做出了答案：86−34=52岁。仅仅10%的同学认为这道题是不符合逻辑的，是非常荒谬的。

显而易见，外国学生的回答是准确无误的，而中国学生仅仅有一少部分回答正确。因为这道题目本身就存在问题。专家十分惊讶，两国小学生的答案差别会如此悬殊。他通过调查后发现，中国小学生之所以做出匪夷所思的答案，是因为他们认为："老师平时教育我们，只有对问题做出回答，才可能得分；不做的话，就连一分也得不到。老师出的题总是对的，总是有标准答案的，不可能没办法做，也不可能没有答案。"

这个实验可以说明，孩子的怀疑精神是十分重要的。父母应该好好珍惜男孩的怀疑，不应横加干涉，浇灭孩子怀疑的火种。为了培养男孩的怀疑精神，父母必须注意以下几点：

（1）父母应该赏识男孩的怀疑精神。当男孩对事物产生兴趣并表现出怀疑时，父母千万不能认为他们的想法是荒谬可笑的，而应该鼓励男孩，让他们大胆设想，支持他们的怀疑精神。

（2）父母要鼓励男孩多做实验。俗话讲，"实践出真知"，只有让男孩大胆尝试，让他们通过自己的智慧去研究，他们才会对科学结果心服口服。有时，他们的想法会推翻错误已久的常识。

（3）父母应纠正以前的错误教育方式。古希腊哲人德谟克里特说过："头脑不是一个要被填满的容器，而是一支需要被点燃的火把。"家长在教育男孩时，要纠正以前的填鸭式教育，要鼓励男孩怀疑事物，充分调动他们的主观能动性和创造性。

10. 男孩要果断，今日事一定要今日毕

"今日事，今日毕。"男孩只有纠正偷懒的坏习惯，他才会认真办事，一步步向成功迈进。

很多男孩平时上课认真表现，回答问题也很踊跃，学习态度比较认真，可是他们却经常不能按时完成每天的家庭作业。这既让老师头疼，也让父母操心。其实，归根到底，还是男孩的偷懒心理在作怪。

虽然做作业是男孩每天生活中的一件小事，但它能反映男孩的学习积极性。男孩没有及时完成作业也是一件小事，但能反映出男孩办事不认真、逢事想偷懒的坏习惯。虽然老师经常督促学生不要落下，有时还对偷懒的男生进行处罚，但是他们很难改掉这个坏毛病。

有一次，老师在上数学课时遇到一个难题，一时没有想出解题思路。没想到胡明一下子就想出来了，因此老师对他十分器重。可是后来，老师发现胡明虽然上课表现不错，可是他课后作业却做得不好，这和他本人的能力有点出入。后来，老师经过调查，发现他和他的同桌的作业一模一样。一天中午，老师把他和同桌叫到办公室，针对作业一事进行了解。原来胡明经常晚上不做作业，第二天交作业的时候，他实在没有办法，就随便拿过同桌的作业抄了一遍。老师十分气愤，当他问胡明为什么没做完作业的时候，胡明竟然说作业量太多。这让老师更加火冒三丈，分明是他在找借口。不过老师还是控制住自

己的情绪，告诉他下不为例。

男孩不按时完成作业，犹如农民没有把地里的草除干净，这样的话，他以后的学习会越来越跟不上，落下的功课就会越来越多。其实，要想纠正男孩的这个坏毛病，就要让他从小养成“今日事，今日毕”的好习惯。

“今日事，今日毕”，也就是说，今天可以轻松做完的工作，一定不要留到明天。因为明天还有明天的事。如果将今天的事留到明天，明天的事情就不会做完，结果只能推迟到后天。长此以往，自己的负担就会越来越重，让自己喘不过气来。

有一首《今日歌》这样写道：“今日复今日，今日何其少！今日又不为，此事何时了。人生百年几今日，今日不为真可惜。若言始待明朝至，明朝又有明朝事。为君聊赋《今日诗》，努力请从今日始。”这是在讲，今天的时间是短暂的，如果一个人总把今日的事情拖到明天，明天还有明天的事情。做事的秘诀便是马上行动，行动的秘诀就是马上去做。

11. 给男孩灌输危险意识，培养他的自我保护能力

男孩总有独自一人的时候，身边难免会有危险出现，父母不能总是为他们考虑周全，而应教会他们战胜危险。

从前，一个农村边上有一条大河。多少年来，河水给农民们带来了灌溉土地的水源，然而让村民们苦恼的是，村里时隔几年总会爆发洪水，很多无辜的孩子被河水吞噬了生命。

村里有一户姓张的人家，由于他老来得子，所以对孩子倍加疼爱。当儿子五六岁时，有一天，父亲在河边发现他和其他孩子一起在河里戏水，十分操心，担心宝贝儿子万一有个三长两短，自己会悔恨一辈子。于是，父亲将儿子叫回家，严厉斥责，禁止他到河边。从此，儿子只能远远看着别的孩子高兴地在河里玩水，尽管他也想去，可父亲的警告让他不敢动。

有一年，大洪水再次来临。别的孩子在大人的帮助下都得以逃生了，唯独这个孩子在呛了几口水后便沉了下去，年纪轻轻便失去了性命。

父母疼爱男孩，这是天经地义的事情。既然爱儿子，就不应只顾眼前，目光短浅，而应为他的人生做长远的打算。出生在河边的孩子，父母应让他从小就学会游泳，学会独立面对现实中的一切危险，掌握克服危险的本领。

有的父母爱自家的男孩，总是唯恐不周：看见男孩拿小刀削铅笔，生怕他削着手，马上抢过来，替孩子削；看见男孩用针缝东西，也要亲自替孩子做。事实上，像削铅笔、缝扣子这类小事情，都是男孩力所能及的事情，由父母代劳只会让男孩失去体验的机会，在面临危险时变得不知所措，惶恐不安。男孩天生喜欢做危险游戏，喜欢冒险的活动，他们积极探索的精神和自信心就是从这里产生的。父母如果总是大惊小怪说“太危险了！太吓人了”，会淹没孩子对新奇感的体验。

其实，提醒孩子的方法最有效。爬树是一种很危险的活动，要防止跌落，就要考虑牢固的落脚点，衡量树枝能否支撑自己的身体。父母指出危险性，不强迫禁止，就能让孩子学会克服困难的本领。

为了让孩子从小明白不能在别人的保护下生活，美国石油大王洛

克菲勒特意允许自家的孩子独自去划独木船或驾驶帆船，有时还鼓励他们去冒险，尝试可能涉及的危险。

从某种意义上来讲，危险随处存在。只要人生存下去，就应学会避免或战胜它。即使再细心的父母，也无法排除男孩生活中遇到的所有危险，替孩子担当所有的困难。明智的父母既不教孩子如何躲避危险，也不禁止他，而是让他正视危险，学会战胜危险，增强应对危险的能力。

在日常生活中，父母千万不可过分保护男孩，应选择一个合适的机会让孩子尝试一下危险的滋味。这不但会磨练孩子的意志，还会提高他的处事能力。以后在面对更大的危险时，他就会努力想办法去克服，而不是逃避。

12. 男孩多有英雄情结，不要让他因而鲁莽

男孩从小便有一种英雄情结，父母应保护他们的这种心理，但是要让他们做自己力所能及的事情，不能为了当英雄而做出鲁莽的事情来。

男孩天生就有一种英雄情结，他们希望自己能像“奥特曼”那样帮助别人，打抱不平。对于他们的这种心结，很多父母表示出严重担忧，有的甚至觉得这些都是过多看动画片惹的祸。其实，父母不应过于指责男孩，而应该理解他们，支持他们，对他们加以正确引导。如果父母引导得当，这种英雄情结对培养男孩的男性气质十分有利，可以让他们早日成长为真正的男子汉。

强强刚刚上小学一年级，有一天，妈妈发现他的手上有几道不太明显的划痕。妈妈问他这是怎么来的，是不小心用小刀划的，还是和其他同学打架被划的。妈妈看见强强脸上表现得有点难为情，觉得他一定有心事。在妈妈的一再追问下，强强说出了事情的真相。

那是星期一下午，全班都要进行大扫除。他们班上一个爱打闹的男孩瑞瑞，故意追打强强的同桌女生芳芳，追到后拿扫帚打芳芳的手。当时正好老师不在，于是强强难以控制自己爱打抱不平的情绪，上前与瑞瑞较量，结果在争执中手上被扫帚划了几道划痕。

妈妈知道后，对强强讲："儿子，你能打抱不平，妈妈鼓励你，但是妈妈并不支持你的做法。打架并不是解决问题的最好方法，你可以采取讲道理的方法，心平气和地跟那位欺负人的小朋友讲道理。"强强听后觉得妈妈讲得很有道理，点头表示以后不再那样做。

父母应支持男孩的英勇行为，满足他们的英雄心理，随后再和男孩一起分析其中的利弊，因为除了打架之外，还有很多解决问题的方法。父母应该教育男孩，当英雄并不一定要像"奥特曼"那样拯救世界、捍卫和平，也不应像"蜘蛛侠"那样身怀绝技，和恶人作斗。男孩应从身边的小事做起，比如帮妈妈扔垃圾、扫地等。如果遇上别人掉到水中，应马上拨打120急救电话。如果自己不会游泳，跳下去救人只会让事情更糟。只有做自己力所能及的事情，才算得上是英勇的行为。

第八章

男孩易受挫，让他乐观起来

与女孩相比，男孩接触的事物要更多，受挫的几率也会更大。每遭遇一次挫折，就会受到一次打击。尽管男孩的身板硬、心理素质好，也会被各种打击弄得一身伤，很有可能会导致绷紧的弦松弛下来，再也不能紧起来了，就像没有上发条的钟表一样，一直沉默下去，前途一片沮丧。为此，家长一定要做好与男孩的沟通，在理解、开导、鼓励、激发下，使男孩保持一种乐观的心态，开朗地面对未来，踏上他渴盼的人生之路。

1. 男孩要有积极心态，笑对生活中的一切

积极的心态并非与生俱来，而是一个人性格、经历与努力等因素共同作用的结果。男孩要想成为一个自我意识很强的人，就应该笑对生活中的一切不幸，培养积极的心态。

有一个英国小伙子，他天生乐观开朗，整天总是挂着一张乐呵呵的笑脸。他从来不求神拜佛，他的这一点令神很不开心。于是，神作出一个决定，那就是在这个人死后好好地惩罚他一下。

当这个人死后，神终于等来了惩罚他的机会。于是，神将他关在一个又冷又暗的小房子里。过了一周神去看他时，居然发现他依旧笑得非常开心。神对此疑惑不解，问道："在这样寒冷的房子里一待就是七天，你难道一点都没有怨言吗？"

小伙子说："我有什么好抱怨的呢？这么冷的地方，让我想起圣诞节，每当这个时候就该放假了，而且还能和朋友们聚聚会，能够收到很多礼物，这是多么令人开心的事啊！"

神听后觉得自己并没有达到目的，心中很不高兴。于是，神又把小伙子关到一个很热的房子里。过了一周，神并没有看见小伙子的悲伤，他仍然是惬意无比。神简直不敢相信，于是又问："你被关在这么热的房子里一周，竟然还能够笑得出来？"

小伙子答道："我有什么不开心的呢？这样的环境让我想到了在

公园里晒太阳，多美好的一件事啊！”

神仍然不死心，把他关在一间阴暗又潮湿的小房子里。又是很长一段时间，神来看他，发现他还是很高兴，并且比以往更兴奋。神非常不解，坚决地对他说道：“如果这次你能给我一个合理的理由，从此以后，我不再为难你，会给你自由。”

小伙子很轻松地说：“就是在这样一个阴暗潮湿的天气里，我最喜欢的一支足球队，以很大的比分赢得了一场空前的胜利。这让我激动不已、兴奋异常。”

神终于被这个快乐的人感动了，于是把自由还给了他。

不管在哪种环境中，小伙子总是记住快乐的事情，对自己的不幸看得很淡。只有笑对生活中的一切，人生才会快乐。否则，一个人遇到困难总是无端地指责与埋怨，让自己生活得很压抑。

对于一个悲观的男孩，要想保持积极乐观的心态，需要长期不懈地努力，这就如同一种熟练的技艺，手到自然心到，很快就会成为习惯。励志大师拿破仑·希尔在采访了许多成功人士之后，总结出了如下培养积极心态的方法。

男孩应该与过去的失败经验彻底决裂，消除脑海中那些与积极心态背道而驰的所有不良因素。把过去的不愉快当成一场噩梦忘却，让自己重新开始，找出自己一生中最想得到的东西，并且立即开始行动，努力追寻目标。每天要做一件让自己感到愉快的事，或是说一些让他人感到高兴的话，这样自己的心态就会调整，感到愉快。

男孩应养成精益求精的习惯，并充满爱心与热忱的将这种习惯发展成为嗜好。男孩要明白，懒散与消极是一对好朋友，它们总是成双成对的出现。精益求精的习惯，有助于男孩保持快乐与积极的心态。

当男孩遇到问题无法解决时，不妨试着帮助别人解决问题。千万不要因为自己遇到麻烦而拒绝帮助别人。事实上，在帮助他人解决问题的同时，也正在洞察解决自己问题的方法，因为灵感时常会在不经意间来临。

男孩每天应阅读一篇励志文章，这会使自己从他人的经验中汲取面对困难的勇气。同时自己也会坚信，积极乐观的心态会对一个人的命运产生极大的影响。

男孩应向曾经冒犯过的人们致歉，不要让自己的歉意留在心里，要将它们公开表达出来。尽管这个工作可能比想象的困难，可是一旦做了便会摆脱内心的消极感受，感到前所未有的轻松。

男孩应该改掉身上的坏习惯，持续一个月，每天减少一项恶习，并于每周反省自己努力的成果。如果需要别人的帮助，不要不好意思，应积极向那些能给自己帮助的人求助。

男孩应将自己所经历过的一切困难，都当成是激励自己积极向上的机会，要相信，只要能从中汲取向上的力量，即使是最悲伤的经验，也会成为人生珍贵的财富。同时，不要有控制别人的念头，在这个念头产生之前，最好先摧毁它，将自己的精力用来控制自己，而不是控制他人。

2. 男孩要懂得调节，别被压力压垮

压力是男孩生活中的一部分。在他成长的道路上，会有各种各样的压力。如果能够缓解紧张的压力，就会让自己感到轻松，自由自在地生活学习。

每个人都希望自己无忧无虑，然而现在的学生将会面临着巨大的

升学压力。一家媒体对小学五六年级800名学生及其家长进行了一次无记名问卷调查，结果发现87%的学生感受到小学升初中的压力，而94%的家长对孩子的小升初表示担忧。

杨晓亮是六年级的学生，他平时的学习成绩在班里名列前茅。可是他一直没能进入班里的前三名。为了在小升初中取得好成绩，妈妈特意给他请了家教，在家里辅导他。其实晓亮每天在学校的学习就已经很紧张了，他原计划晚上回到家后做一遍复习，整理出自己的学习知识。然而让他猝不及防的是，妈妈给他请了家教，如果晚上再学习，老师布置的任务就会没有时间完成。这会破坏他的学习规律，打击他的学习积极性。

对于男孩而言，如果心理压力适度，会有利于提高他的积极性以及内驱力，促进他不断主动发展。然而凡事有度，如果心理压力过大，男孩就会难以忍受过大的压力，长时间的话，他会逐渐产生厌学的情绪。一项调查表明，心理压力过高已经成为影响当代同学健康成长的重要因素，因此，男孩学会缓解压力是非常必要的。要想缓解男孩在学习生活中过高的心理压力，必须注意以下几点：

（1）男孩要有自知之明，对自己进行准确定位。男孩应懂得调整自己的心态，对自己的期望要符合实际。恰当的期望值，会让男孩不断自我超越，有利于他的成长；而不当的期望值只会导致男孩上进心的丧失，有的甚至误入歧途，难以自拔。

（2）男孩应该重视过程，轻视结果。很多时候，男孩在奋斗的过程中，往往会十分在意学习的结果，而忽视了学习的过程。当学习的结果没有达到预期的理想时，他便会在无形之中给自己施加压力，让自己处于高度紧张之中。如果男孩将经历视为财富，将学习的压力分解在学习的各个阶段和过程之中，紧张的压力就会被化解，让自己得到缓冲。把压力作用于过程中，可以使男孩提高学习效率，促进男孩健康发展；把压力放在结果上，只会于事无补，徒增压力。

（3）男孩应善于整体规划。任何事情只有自己积极主动，做起来才会感觉轻松，才会很好地缓解压力。被动地接受所面临的各种事情，只会让人增加压力。因此，最好的办法便是列出清单，做出整体规划，这样就会将一些看似无绪的问题分解成若干具体的小事，做起来就会轻松自如，非常容易。将一件件小事做完，也会让男孩有一种小成就感，经过累积，他便会逐渐向成功迈进。

（4）男孩要学做深呼吸。日常的深呼吸可以让男孩感到压力减半。正确的姿势是挺直后背，两肩放松，由鼻将空气深深地吸入肺部，集中精力感受空气渗透到每个细胞，然后全力将空气呼出，想象体内的压力也随着气流一起排到体外。

3. 对男孩进行赏识教育，培养他的自信心

赏识教育有利于增强男孩的自信心，他会更加努力去做自己的事情。所以，父母应多多鼓励孩子，让他自信地面对一切。

哈佛心理学家威廉·詹姆士有句名言：“人性最深刻的原则就是希望别人对自己加以赏识。若与我们的潜能相比，我们只是半醒状态。我们只利用了我们的肉体和心智能源的极小一部分而已。往大处讲，每一个人离他的极限还远得很。他拥有各种能力，就看能不能唤出它们。而慷慨的赞美就是唤出它们一部分的一个有用方法。”由此

可见，赏识教育对于男孩来讲，是十分重要的。

有一位男孩，他是一家工厂的工人，不过他的理想是当一名歌星。当他的第一位老师知道后，对他讲："你五音不全，根本不能唱歌。你的歌简直就像是风在吹百叶窗。"老师的一番话对他的打击很大，他回到家，十分伤心。母亲见状，问他有何烦心事，于是他便把发生的事情讲述了一遍。母亲用手搂着他，安慰他："孩子，其实你很有音乐才能。听一听吧，你今天唱歌时比昨天的乐感好多了，妈妈相信你会成为一个出色的歌唱家！"听了母亲的话，孩子的心情好多了。在母亲的鼓励下，这个孩子成为了那个时代著名的歌剧演唱家，他的名字叫恩瑞哥·卡素罗。

当卡素罗回忆自己的成功之路时，他认为正是当年母亲那句肯定的话，给他以信心。而母亲也万万没有想到，自己当年赏识儿子的一句话竟然让儿子成为一代名人。

拿破仑·希尔是美国伟大的成功学家、励志大师。他小时候十分调皮，被邻居认为是坏孩子，就连家人都对他失去信心，觉得他是一个应该下地狱的人。只要是家中出事，比如母牛被放跑、树被砍倒等，人们都会怀疑他是罪魁祸首。儿时的拿破仑·希尔十分悲伤，只好破罐子破摔，一心想表现得比别人形容的更坏。母亲去世后，继母的出现改变了他的命运。

拿破仑本以为继母根本看不起他，不会对他有半点同情。让他万万没有想到的是，继母发现了他人性中的优点。经过继母的有意鼓励，拿破仑·希尔开始纠正自己的缺点，勤奋努力，发奋学习。继母无微不至的关心让曾经误入歧途的拿破仑·希尔迷途知返，让他树立了不可动摇的信心，重新塑造了自己的人生。为了表示对继母的感谢，他在著作《人人都能成功》中这样写道：

这个陌生的女人第一次走进我们家的那天，我父亲站在她身后，让她独自应付这个场面。她走进每一个房间，很高兴地问候我们每一个人，直到她走到我面前。我倚墙站着，双手交叠在胸前，凝视着她，眼中没有丝毫欢迎的神色。我的父亲说：“这就是拿破仑，希尔兄弟中最差劲的一个。”

我绝不会忘记我的继母是怎样回应他这句话的。她把双手放在我的双肩上，两眼中闪耀着光辉，凝视着我的眼，这使我意识到我将永远有一个亲爱的人。她说：“这是最差的孩子吗？完全不是。他恰好是这些孩子中最伶俐的一个。而我们所要做的，无非是帮他把自己所具有的好品质发挥出来。”

一股暖流涌向我的心底。这一时刻是我生命历程的转折点。我的继母总是鼓励我依靠自身的力量，制订大胆的计划，坚毅地前进。后来证明这种计划就是我事业的支柱。我决不会忘记她教导过我的话：“当你去鼓励别人的时候，你要使他们有信心。”

我的继母造就了我。因为她深厚的爱和不可动摇的信心激励着我，使我努力成为她相信我所能成为的那种孩子。

赏识教育的核心，在于父母要对男孩的长处予以表扬，这对孩子的成长十分重要。一般而言，赏识可以从正面引导孩子的心理，让他们朝着正确的方向良好发展。因此，这就要求父母要多留意男孩的举动，从男孩的角度设身处地为男孩考虑，学会表扬他。其实，学会表扬男孩并非难事，关键是父母是否具有这种意识，能否认识到它的重要性。

表扬孩子也是一门艺术，要讲究方法。作为父母，表扬男孩时要注意以下几点。

（1）表扬不能过于笼统，而要十分具体。在表扬男孩的过程中，如果过于笼统、模糊，用“你真是爸爸的好儿子”、“儿子，你真棒”等一般性的赞语，就会让男孩不知道自己行为好在何处。因此，家长应对孩子的优点和进步的具体细节给予肯定，对男孩的表扬越具体化，他就越容易明白哪些是好行为，就会找准努力的方向。

（2）表扬不应过于单一，方式要适当变化。如果父母采用单一的

表扬方式，就会让男孩感到厌烦。而新颖变化的刺激则容易引起男孩的兴趣，激发他更加积极向上。父母的奖励不应千篇一律，总是给孩子零用钱。可以给孩子买一些书，给孩子别样的惊喜。

（3）表扬不应只重视结果，也要注重过程。父母应该告诉男孩，不仅要重视成功的结果，更要关注努力的过程，激励男孩坚持不懈，努力争取。例如，孩子想“自己的事自己干”，吃完饭后，自己去刷碗，不小心把碗打破了。这时家长如果不分青红皂白一顿批评，孩子也许就不敢尝试自己做事了。如果家长冷静下来说：“你想自己做事很好，但厨房路滑，要小心！”孩子的心情就放松了，不仅喜欢自己的事自己做，还会非常乐意帮着干其他家务。因此，只要孩子是“好心”就要表扬，再帮他分析造成“坏事”的原因，告诉他如何改进，会收到较好的效果。

另外，“数子十过不如奖子一功”，表扬也要有一定的度，并非是多多益善。

4. 男孩需要认可，不要随意指责

父母不应对男孩总是以指责的口气，而应该对他用赞赏的目光。只有这样，男孩才会不断进步，取得让父母骄傲与自豪的成绩。

现实中，很多父母发现男孩的作业做得一塌糊涂时，他们会因一时愤怒而将男孩的作业撕个粉碎，让男孩重新再做。事实上，父母的用意是让男孩通过重新写一遍而改掉以前的坏毛病。但是，就在他们撕掉作业的那一刻，他们严重伤害了男孩的自尊心和自信心。这会让男孩对父母的所作所为产生不满。

男孩涉世未深，初出茅庐，他们犯错误是在所难免的。据统计，儿童期是孩子们最易犯错的阶段。他们犯错不是明知故犯，而是年龄太小出于好奇导致的。他们的错误所需要的是父母的理解，更需要父母正确的引导。教育专家认为，相对于惩罚，宽容往往会更有力量。父母应设身处地地为男孩着想，原谅他的所作所为。

有一天，强强要去同学家庆贺同学的生日。尽管父亲不是很愿意，但是为了强强与同学的情谊，还是勉强答应让他参加，并且要求他9点以前回家。强强爽快答应了，然而直到9点，他迟迟没有回家。父亲心急如焚，便到周边的汽车站等儿子。父亲整整等了半个多小时，才看见强强出现在车站。父亲准备大发雷霆，批评儿子一番。可是当他听到强强解释自己回来晚的原因时，心中的怒火马上降了下来。原来强强坐错了车，到了同学那里已经很迟了，所以当和同学们吃完晚饭后就时间不早了，因此回家迟了很长时间。父亲没有选择斥责强强一番，而是对孩子的迟回表示理解与宽容，这让强强很感动。

男孩犯错后，他所需要的是父母给他一个解释的机会。如果他能够给父母一个合理的理由，那么父母便应以宽容之心来原谅他，告诉他下不为例。通常而言，当男孩犯错后，当他发现自己的错误时，都会有悔恨之意，只不过他有时为了自己的面子而不愿表达出来。如果家长以宽容的心理解男孩，他就会心存感激，激励自己向前走。

教育男孩，仅仅依靠说服是远远不够的，必要的时候也需要适当的惩罚。批评和惩罚也和表扬一样，需要讲究艺术。有些父母对男孩的过错不是随意谩骂，就是恶意讽刺，有的甚至听之任之、不予理睬。这样的教育方式只能是适得其反，达不到预期的目的。

男孩在成长中，他所需要的是父母的鼓励与关怀。尤其是他在人生的低谷时期，更是需要父母在背后的默默支持与鼓励。因此，父母应纠正以往严厉批评的不当的教育方式，用赞赏与宽容替代，相信在父母的鼓励下，男孩的进步会越来越明显。

5. 男孩需要理解，与他促膝交谈

很多父母都会感叹自己和儿子之间存在代沟，不能进行很好的沟通。事实上，只要父母尊重男孩，多和男孩交流，他们便十分愿意和父母沟通。

曾经有媒体做过这样一个调查，它对孩子喜欢的人进行排序，分别是朋友、同学、老师、家长，结果父母排在最后。他们对父母反感的事情是唠叨、训斥、打骂、偷听电话、偷看日记。当很多父母知道这个调查结果后，都唏嘘不已。

放学回家后，彬彬见妈妈在厨房，便向妈妈问好。他见妈妈流着汗在准备着饭菜，便觉得妈妈好辛苦，说："妈妈，我来帮你择菜吧。"妈妈却说："行了，你别在这儿给我添乱了，写你的作业去吧。"这让彬彬感到很委屈，自己的好意妈妈并没有在意。他有一种压抑、不被理解的感觉。

很多父母在谈及怎样和孩子沟通的时候，往往会不知所措。很多父母是凭着自己的认识来对男孩进行教育，往往是把自己的观念与意识强行加给孩子。有的家长关心男孩，但是总用父母的权威去命令孩子，这会让男孩感受不到父母的关心。男孩可能会表面屈服于父母的强势，实际上根本不服气，有的甚至会产生逆反心理。

父母要和男孩沟通，就要尊重孩子，听取男孩的意见。即使他们的意见很幼稚，父母也不应断然否决他们，而要鼓励他们大胆尝试，让他们学会从现实中接受教训。如果他们的建议是错误的，父母要帮助他们分析利弊，让他们知道自己的失误所在。

父母由于工作繁忙，和男孩聊天的时间会很少。为了教育好男孩，父母必须要多多安排和孩子的交流时间。浩浩的爸爸便是这样，他虽然工作很忙，但每周至少会安排出时间来与孩子“约会”。每当他与儿子“约会”时，他便会想象自己和儿子年龄相仿，和儿子一起玩耍。通过和儿子的“约会”，浩浩和爸爸的感情不断加深，也愿意和爸爸讲自己的心里话。爸爸知道儿子喜欢周杰伦时，便问儿子“周董最近是不是出新歌了，拍新电影了”，让浩浩觉得爸爸很时髦，很时尚，更加愿意和爸爸沟通。

6. 做男孩的大朋友，对他的倾诉感兴趣

如果父母平时忽视与孩子的交流，不重视孩子的倾诉，时间一长，就会与孩子产生隔阂。对于一个已经有自我主张的孩子来说，让

他乖乖地“听话”是一种痛苦。其实，仔细倾听孩子的诉说并回答孩子的问题，对加深亲子关系大有裨益，还可以加强孩子的自信心。

在家庭教育中，有的父母总是以成年人的思维来衡量男孩的所作所为，总是将自己的意志强加给男孩。当男孩的行为不符合自己的心意时，便大发雷霆，轻则呵斥重则打骂，根本不给孩子任何解释的机会。如果家长不给孩子解释的机会，不让孩子诉说自己的苦衷，其结果只会让男孩将所有的委屈和不满埋藏在心里。父母不让孩子把话说完，一方面不利于孩子语言表达能力的提高，另一方面也使孩子产生自卑情绪。久而久之，孩子就会与父母产生对抗情绪，以致双方相互不信任，产生沟通困难的问题，甚至还会造成孩子的不良心理。

张毅是一个活泼开朗、积极主动的男孩。平时上课他总是积极发言，热情参加各种活动。可是新学期开学以来，他一下子变得沉默寡言，整天总是显得闷闷不乐。期中考试下来，他的成绩也有所下滑。经过老师细心的了解，才知道张毅不爱说话的原因。

原来，以前张毅每当放学回家后，喜欢把学校班里发生的趣事讲给父母听，然而由于爸爸对他要求严格，希望他能够上重点大学，觉得他整天无所事事，浪费时间，因此对他的学习抓得很紧，他一回到家，便催促他赶紧写作业。时间一长，他变得沉默寡言，性格也开始出现变化。

众所周知，亲子间的沟通交流，在很大程度上会影响孩子的性格形成。父母应该对男孩的倾诉多一点耐心，不要总是打断孩子的话，并要表现出极大的倾听兴趣，做到了这样，男孩在遇到事情时就会乐于向父母倾诉，与父母建立良好的沟通。

在和男孩沟通的过程中，父母要想更好地对待男孩的诉说，必须注意以下几个方面：

（1）家长应尊重男孩说话的权利。家长要倾听男孩的诉说，首先就必须尊重男孩说话的权利。这并不是纵容男孩，也不是任由男孩辩解，而是对男孩的一种尊重。只有尊重男孩，他才会信任父母，和父母讲自己的心里话。心中有苦恼时，他便会和父母交流，才会克服自卑。

（2）家长要认真聆听男孩的讲话。当男孩向家长诉说时，父母应出于对孩子的尊重，表示出自己的诚意，应立即停下手中的事情，与孩子保持目光接触，并仔细地听孩子说话。

（3）家长应该告诉男孩自己的建议。当男孩讲话时，家长一定不要随意插嘴，只有完整地听他的讲话，才会了解他的想法。由于家长的经历比较丰富，会对男孩的行为有不同的看法，这时应说出建议，并说出理由。即使在提出反对意见时也不要过于武断，不应否定男孩的一切。

现实中，很多父母总是认为男孩十分懵懂，所以就疏忽了让他们阐述自己的看法，对待他们往往是一味的指责和粗暴的说教，这样非但不能真正解决问题，反而会让男孩以后不愿意和父母讲话。父母也不要总是居高临下地对待孩子，应认真倾听孩子诉说事情的原委。当男孩有值得称赞的观点，应予以支持，即使孩子认识上存在误区，也要循循善诱地启发开导。

7. 表扬要适度，既不能吝啬又不能随意

男孩的成长需要父母的鼓励与支持，但是过分地表扬，又会不利

于男孩的成长。所以，父母对于男孩的表扬要适当。

在男孩的成长记忆中，令他们铭记于心的往往不是长辈的批评，而是那些难得的表扬。他们希望自己受到别人的认可，获得别人的赞扬。有时，父母一次小小的表扬和鼓励，可能影响男孩的一生。

教育专家认为，表扬是父母和男孩交往中不可或缺的一部分，也是父母培养男孩的重要手段之一。父母对男孩予以表扬，往往能够促进男孩良好行为的形成及发展，它对男孩的成长具有不可估量的作用。然而在现实生活中，父母在表扬孩子时往往不会把握分寸，不是过多便是过少。

杨明平时学习成绩中等，在一次期末考试中，他发挥超常，获得全班第二名。他兴高采烈地回到家，告诉妈妈：“妈妈，妈妈，我考了我们班第二名！”杨明原本以为自己的进步会得到母亲的表扬，可是他得到的却是母亲的批评：“你仅仅是在班里第二，能在全年级排第几？你要想清楚，你和好学生还差得远，不能沾沾自喜，自以为是！骄傲了，下一次等待你的便是退步。”杨明的兴奋一下子被冲淡了，他特别伤心，觉得母亲实在是不近人情。

正如杨明的母亲，家长一般从来不愿当着男孩的面表扬他。他们觉得过分表扬会让男孩滋生骄傲自满的情绪，担心会产生副作用，于是经常不断地从男孩身上挑缺点、找毛病。一般而言，在父母眼中，优点不说往往不会出什么问题，而缺点不指出就是对男孩不负责任。对于孩子的良好表现，父母应及时表扬，这是每一位家长都应该做的。其实，在孩子的生活中，如果仅仅有批评而缺少表扬，他们就会变得十分自卑，缺乏自信，有时甚至会自暴自弃，对任何意见都听不进去。所以，做父母的要学会用欣赏的眼光看待自己的孩子，这是送给孩子的最好的礼物！

与有的父母对男孩表扬过少相比，有的父母则是对孩子表扬过多。俗话讲："与其责骂，不如夸奖。"近年来，人们提倡进行赏识教育和激励教育，许多父母也对其十分重视。在日常生活中，父母对孩子进行表扬已经渗透到家庭生活的各方各面，从不吝惜对孩子的啧啧称赞。父母表扬男孩，目的在于激励孩子向更好的方向发展。心理学家研究表明，适度的夸奖可以增加男孩的自信心，使他们能够满怀自信，战胜困难。不过，过于表扬男孩，往往会走向另一个极端。

父母过多、过分地表扬孩子，会造成很多负面影响。

（1）父母经常表扬男孩，会让男孩孤高自傲，好高骛远。当他在以后遇到困难时往往眼高手低，不懂得积累的重要性。而且，大量的溢美之词不利于男孩树立长期的自信心，会让男孩在表扬声中自我陶醉，不求进取。

（2）过分表扬会让男孩错误地认为，自己的言行能够讨得父母的欢心。因此，他不论做任何事情，总希望得到父母的表扬。孩子一旦做事就想获得表扬，往往会很难接受别人对他错误的指出。一旦别人指出他的不足，他便会感到不愉快，有时甚至会埋怨别人。时间一长，他便会失去基本的辨别是非的能力。

（3）过分的表扬极易让男孩爱慕虚荣、骄傲自满。调查表明，一些潜质好的孩子长大以后之所以碌碌无为，正是源于他们的狂妄自大。因此，父母在表扬孩子时要实事求是，符合客观实际，千万不能夸大其词。在表扬男孩之余，还要指出不足之处，让他以后加以纠正。

（4）过多的表扬只会让孩子感到不必要的困扰。夸奖通常具有启发性和鼓励作用，然而过分夸奖只会给孩子施加压力，形成焦虑的情绪。因此，夸奖要适可而止，可以用欣赏、交谈、聆听等方式取而代之。

一位德国教育家曾经说过："我们不能让孩子在受责备的环境中成长，但是也不能让他们整天泡在赞美里。"不论是过多的表扬，还是过少的赞扬，都会给男孩引来不必要的困扰，父母对孩子的表扬一定要适度。

8. 批评要讲究方法，让男孩认识到错误

男孩难免有错误，对于男孩的错误，父母应该加以正确引导。即使要批评，也要讲究科学。

贝贝的父亲十分重视对儿子的教育，对儿子要求非常严格。随着儿子的长大，父亲觉得以前常用的训斥办法失效了，孩子不像以前那样听自己的话了。有时贝贝越不听话，父亲便越要提高音量。

贝贝升入初中，开学的那天，父亲语重心长地嘱咐他："你长大了，要学会独立。以后爸爸要少管你，少给你出主意了，凡事自己要多想想，三思而后行。在学校住宿，注意别着凉，吃饭要跟大家一起吃学校食堂，初中时经常和你一起下饭馆的那几个同学，我看还是少来往的好……"让父亲意外的是，自己轻声细语的几句嘱咐的话，竟然感动得儿子落泪。贝贝用从来没有过的诚恳语气说："爸爸，过去我错了，今后您放心。"

很多家长在批评男孩时总是放声吼叫，大声训斥，仿佛在炫耀父母的尊严，根本没有顾及儿子的感受，更没有和孩子处于平等的地位，进行一种心的交流。而轻声细语地批评儿子，更多的是让孩子感受到平等，他会觉得自己受到了尊重，会被父母由衷的爱所感动。

在一个大型商场的玩具架前，一个小男孩看见一支枪十分喜欢，高兴地举来举去。他要求父母给他买下这支枪，使劲喊道："我要！我要！"妈妈走过来，用左手食指放在嘴唇上嘘了一声，示意小男孩轻声点。然后，她弯下腰轻轻地对小男孩耳语了几句，小男孩放下枪走了。

同样在旁边，一个男孩也有意买枪。他的爸爸不但没有满足他的要求，还严厉斥责道："你就知道花钱！"男孩不愿意走，爸爸恼羞成怒，朝男孩的屁股上打了几下，男孩大声哭了起来。

面对男孩的要求，如果家长采用耳语、轻声细语和他商量，既体现了对孩子的尊敬，又会让孩子感到受到了保护。否则，一旦男孩的自尊心受到伤害，他就会破罐子破摔，大声吵闹，会用哭来表示自己的强烈不满。孩子的哭，是他的一种消极的自我保护，是对父母大声斥责的抗议。

俗话讲："伤树不伤皮，伤人不伤心。"虽然家长的批评是出于好意，但是不会批评只会伤害男孩稚嫩的自尊心，让男孩产生敌意，使得和睦美满的家庭氛围变得紧张压抑。所以，家长应该纠正大声训斥男孩的习惯，采用轻声细语的批评方法，既科学又艺术。

9. 男孩的面子要维护，不要伤了他的自尊

男孩成长中难免会有过失，但他们也有自己的自尊。如果父母在别人面前过于宣扬，就会让他们觉得自己受到侮辱，对父母心生不满

的情绪。因此，父母一定要注意维护自家男孩的面子。

英国教育家洛克说过："父母不宣扬子女的过错，则子女对自己的名誉就愈看重，他们觉得自己是有名誉的人，因而更会小心地去维持别人对自己的好评；若是你当众宣布他们的过失，使其无地自容，他们便会失望，而制裁他们的工具也就没有了，他们愈觉得自己的名誉已经受了打击，则他们设法维持别人的好评的心思也就愈加淡薄。"每个孩子都是独立的个体，他们希望自己会被社会所关爱，被亲朋保护，更渴求得到尊重和理解。如果父母当众批评孩子，容易使孩子自尊心受到损伤，还有可能使孩子产生敌对心理。

尽管男孩身上有不少缺点，如果父母在没有外人的情况下，对孩子进行善意的批评，并指出改进的措施，一般来说孩子都能接受。

星期天，斌斌邀请他的同学来家聚会。他们玩得正开心，妈妈回来了，看到家里乱七八糟，妈妈火冒三丈，当着同学的面把斌斌臭骂了一顿。斌斌觉得自己的自尊心受到严重挫伤，就连同学也感觉十分尴尬。于是，斌斌一气之下就到姥姥家去住，每天都从姥姥家直接上学，母子俩僵了两个星期，最后还是妈妈主动承认错误，化解了矛盾，斌斌才肯回家。

尊重男孩，本质是保护孩子的面子，这对孩子的成长来说是极为重要的。站在孩子的立场尊重孩子，会有益于孩子产生和形成一种自重、自爱、自尊，并要求受到别人尊重的情感。具有这种情感的孩子，在人际关系上，既能尊重自我又能尊重他人，因而能得到别人的尊重，在生活中就会自信心高，责任感强，有进取精神。

其实，男孩和大人一样，也会顾及自己的面子。因此，父母最好不要当众批评孩子，因为男孩的每一个行为都是有原因的，这是由孩子的心理、生理年龄特点所决定的。在大人眼中，他们的小小行为或许是微不足道的，但在孩子的眼里那是很严肃的事情，如果不了解原因而当众批评孩子，非但不能解决问题，反而会使问题变得更糟，使孩子产生逆反的抵触情绪，导致对孩子的教育很难继续下去。

父母要想做到正确的批评，还真有些小窍门。

（1）批评男孩要选择时机。一般情况下，父母不要在清晨、吃饭时、睡觉前批评孩子。因为清晨批评男孩，可能会破坏孩子一天的好心情；吃饭时批评男孩，会影响孩子的食欲，不利于孩子的身体健康；睡觉前批评孩子，则会影响孩子的睡眠，不利于孩子的身体发育。最关键的是，父母批评孩子最不应该在公开场合，比如当着孩子同学、朋友的面，当着众多亲朋的面。

（2）要坚持批评与教育相结合的原则。批评男孩是为了抑制男孩的不良行为，纠正男孩的不良品德，端正男孩的不良学习态度。为了使批评达到预定的目的，父母在对男孩进行批评时，一定要向男孩讲清楚不良品德、不良行为与不良学习态度的危害性，让男孩意识到自己完全有必要克服这些缺点。只有这样，男孩才会改正错误，才会体谅父母的不易，改正错误就会积极主动，在短时间内取得良好的效果。

（3）批评男孩要有针对性。父母批评要就事论事，具有明确的指向性。如果父母批评男孩时东拉西扯算旧账，把男孩很久以前的过失放在一起，就会使男孩丈二和尚摸不着头脑，不知道挨批评的重点是什么，也不清楚父母让他改正什么，容易产生消极情绪，失去信心。

（4）批评时要给男孩解释的机会。批评男孩的时候，父母应当让男孩有解释的机会。因为如果男孩表面上虚假地表示接受批评，实际上心中却感到大受委屈，不仅于事无补，还可能引发种种弊端。与此同时，父母也要让孩子明白：解释的目的并不是推卸本来应负的责任，要让孩子保持解释时心平气和、实事求是的态度。

家庭教育要想成功，父母必须对男孩深入了解，对男孩表示接受和尊重，不应总是揭男孩的短处。当男孩的行为表现不能令人满意时，千万不要不分青红皂白，随意指责，要根据男孩不同时期的心理特点给予积极引导。

10. 男孩自尊心强，父母说话要忌口

父母在教育男孩的过程中，必须注意：不要讲教育忌语。教育忌语，顾名思义，就是指那些因其会伤害孩子自尊心而不能讲的话。

教育关乎孩子的一生，有时父母不经意的一句批评的话，很可能会影响孩子的一生，因此，有人将教育忌语称作软暴力。父母在教育男孩时不适宜讲的话包括以下几种：

（1）不宜恶言。不要说“傻瓜”、“没用的家伙”等。

（2）不宜侮蔑。不要说“你简直是废物”等。

（3）不宜过分责备。不要说“你又做错事，真是坏透了”等。

（4）不宜压抑。不要说“闭嘴”、“你怎么这样不听话”等。

（5）不宜讽刺。不要说“你可真行啊！竟敢做出这种事来”等。

（6）不宜贿赂。不要说“你若考100分，我就给你买自行车、手表”等。

（7）不宜威胁。不要说“我再也不管你了，随你去吧”等。

（8）不宜哀求。不要说“求求你别这么做好吗？”等。

（9）不宜抱怨。不要说“你做这种事真令我伤心”等。

（10）不宜强迫。不要说“我说不行，就不行”等。

有时候，不当的表扬也是一种教育忌语。一天，强强的手工做得很差，心情不是很高兴。妈妈知道后对他讲：“儿子，你手工做得非常好，你很有这方面的天赋，很有创造力。我看你是很好的。”让妈妈意想不到的是，强强这样说：“妈，你这不是侮辱我吗？别人都说我做得不好，你却说我是天才，我想只有弱智的孩子大概才会得到这样的表扬，你以为我听不出来？你是在挖苦我，讽刺我，你太虚伪，你根本不说实话。”妈妈原本想鼓励强强，没想到他会想得这么深刻。因此，父母在教育男孩的过程中要特别注意，表扬男孩要重在引导，而且表扬要具体准确，否则只会伤害孩子。男孩天性比较敏感，非常在意别人对自己的评价，在乎别人是否在尊重他，还是侮辱他。

男孩在成长的过程中，犯错是十分正常的事情。很多家长在批评孩子的过程中，会用一些轻蔑孩子的话语，总是说“你是一个坏孩子”之类，这些话不仅不会让男孩意识到自己的错误，反而会伤及他们的自信。有的家长甚至用一些侮辱男孩人格的语言来伤害他，让男孩一时难以接受，从而对父母产生憎恨心理，用强烈的反弹来对抗。

11. 自家的男孩是个宝，不要总夸别家的好

有的父母经常拿自家的孩子和别人进行比较，他们所看到的往往是自家孩子的不足。如果盲目攀比，只会让自家孩子失去个性。父母不能总夸别家孩子，而应该多看到自家孩子的长处。

很多父母不是以充满赞叹的口吻表扬别人家的孩子，就是通过赞

扬别人家的孩子来揭露自家男孩的短处。父母之所以进行比较，是为了用男孩熟悉的同学或同龄孩子的优良表现来激发他的上进心。然而，由于父母严重的攀比心理，直接导致男孩成为模式化教育的牺牲品。

相关研究表明，家庭环境和父母的教育方式极大程度上会影响孩子的心理健康。父母总是给孩子树立榜样，老是拿他和别的孩子比较，这种传统的家庭教育方式十分普遍。从心理学的角度讲，比较在一个人的心理发展上具有两种重要功能：一是认识自己，人都是在与其他人的交往过程中认识自己的，所以，每个人都是以他人为“镜”的。二是确立目标，人都需要在与其他人的比较过程中找到自己的人生目标和努力方向。然而在比较的过程中，如果父母对男孩的期望不切实际，就会使男孩非常容易产生挫败感，不利于自信心的培养。

在男孩的内心深处，他们不愿意承认自己比别人差，总是希望自己得到他人的认可与肯定。如果父母总是强调他比别人差，他就会自惭形秽，经常自我否定。在成长中遇到困难时，他往往会选择逃避退缩。

事实上，每个男孩都有自己的长处和短处。如果父母盲目进行比较，过于攀比，就会让男孩缺乏信心，就会对父母有一定的反感。父母一味地羡慕别家孩子，斥责自家孩子，只能使自家的孩子对学习缺乏信心，消极应对。

小斌与小文从小在一起玩耍，上学后是同班同学。他们俩学习成绩都比较出色，不分上下，而他们的妈妈经常暗地里进行攀比。有一次，学校举行期末考试。小斌发挥出色，获得了年级第一，而小文发挥失常，成绩平平。小文的妈妈觉得儿子让自己丢了面子，心里非常难受，整天给儿子脸色看。为了让儿子赶上来，她趁着假期给儿子报了英语、数学等补习班，她给儿子树立的目标就是下次考试超过小斌。自此以后，小文没有了自由时间，他的所有时间都用在了学习上，稍微不留意就要受到妈妈劈头盖脸的批评。有时妈妈甚至还不让他吃晚饭，把他关在小卧室里进行反思。由于妈妈给小文施加了过多的压力，这让他对学习产生了厌恶之感，最后他并没有如妈妈所愿，非但没有超过小斌，反而与小斌的差距越来越大，甚至患上了抑郁症，有了轻生的念头。

人生在世，每个人都有自己独特的天赋，有自己与众不同的个性。如果父母一味攀比，总是看到自家孩子的短处，看不到孩子的长处，这样的教育不仅没有收到应有的效果，反而让孩子缺乏自信。事实上，男孩的成长动力源于他心理上不断作出的自我肯定。如果父母总是否定他，他就会自甘堕落，一生碌碌无为。

除此之外，盲目攀比、过于苛求会让年幼的孩子失去安全感。一般而言，4岁以下的孩子，如果总听妈妈说自己不如邻居及同事的某个小孩，他的心理压力便会增大。随着他的长大，他会意识到自己不再符合妈妈的心意，积极向上的动力便会消失。然而在现实生活中，众多父母总是随意选择评价标准，盲目进行比较，对孩子求全责备，这会直接导致男孩失去个性，丧失自我。那么，当父母看到自家的孩子不如别人家的孩子优秀时，应该怎么做才会取得好的效果呢？

（1）父母要保持平常心。面对别的孩子的进步，父母应从内心深处杜绝“攀比孩子”的心理，不要总拿别家的孩子作例子，来给自家孩子施加压力。要以平常心对待男孩的不足之处，要对男孩多一些鼓励与赏识。

（2）父母要留意男孩的进步。当孩子取得一定的进步时，父母要及时予以鼓励，让男孩再接再厉，男孩在父母的鼓励下就会更加自信。通常而言，比较有横向比和纵向比两种。父母在留意男孩的进步时，不仅要横向地看男孩和他人的差距，更要纵向地看男孩与从前相比取得的进步。

（3）父母要认识到男孩之间的差异。父母应当接受并承认男孩之间的差异，要让孩子懂得，要想进步，就必须取长补短。

当看到别家孩子的进步时，父母不要过于着急，整天对儿子唠

叨，应看到的是儿子的长处，并且鼓励儿子在自己喜欢的领域发展。自家孩子跟别人的差异性，往往是其个性形成的开始，而这种差异需要父母的鼓励与保护。

（4）父母要尊重孩子的选择。很多父母，经常盲目跟风，看到别人的孩子学钢琴，就让自己的儿子学钢琴，看到别人学美术，就给儿子报美术班。为人父母，关键是发现儿子的特长与喜好，在适合自家孩子的发展道路上进行指引，只有按照孩子的天性去培养他，他才会充满自信，学得更好、更轻松。

12. 打骂会使男孩产生逆反心理

当男孩犯错时，父母应该加以引导，让他们意识到错误的危害，督促他们今后加以改正。一味地打骂非但不会取得良好的效果，反而会让男孩对父母产生叛逆的思想。因此，父母不应打骂男孩，而是应该加以教导。

有的父母“恨铁不成钢”，经常打骂男孩。其实这是最错误的教育孩子的方法。男孩表面是顺从，其实他们的心里是十分反感的。这种极端的方法不但不能把孩子教育好，反而会让男孩的自尊心受到伤害，从小变得胆小自卑、经常撒谎。

教育专家经过调查发现，在一般家庭里，父母在教育孩子时常使用打骂方法的约占12%～18%。而且，这种现象的发生是农村高于城市，爸爸高于妈妈。有个小学三年级的老师对班里的学生进行过调查，全班43人，只有一个学生没有挨过打。由此可见，父母打骂孩子的现象是十分普遍的。

其实，生活中孩子遭遇打骂的主要原因是，父母一直觉得这种方法简单方便、见效快。有的父母不管大事小事，只要不顺自己的意总是打骂孩子。孩子作业做错了要骂，考试考砸了也要骂，有的孩子就是在父母的“骂声”中长大的。

每当吃过晚饭后，小刚便和爸爸开始了“电视”争夺战。刚开始，他们在看双方都喜欢的晚会节目，能够形成共识。当晚会结束时，爸爸想看球赛转播，而小刚乐意看的是动画片，于是父子间的冲突开始了。小刚跳下沙发把遥控器抢在手里，立即把频道调到他熟悉的少儿节目上。爸爸觉得自己的权威受到了儿子的挑战，一伸手就把遥控器从儿子手里夺了过来，随即把频道换到了他想看的体育频道。小刚看到爸爸调换了频道，不让他看动画片，便大声哭闹，表示自己的强烈反抗。爸爸被吵得不耐烦，没有心思看电视了，一气之下把小刚拉进洗手间关起来，嘴里还骂道：“三天不打，上房揭瓦。”这时妈妈也附和着说：“就是，不听话就该打，不打不成才。”从此以后，小刚变得胆小懦弱，再也不敢和爸爸抢着看电视了。

父母打孩子，有时是受到传统教养观念的影响。年轻人为人父母后，仍然会潜移默化地受“不打不成人，不打不成才”观念的影响，因为在传统观念中，父母与孩子的关系是上对下，是不平等的。有的父母则是受到自己父母的影响，继承了上一辈的“光荣”传统，尽管他们深知被父母打骂的滋味，心里也会产生怨恨、反抗，但毕竟自己已长大成人了，于是就糊里糊涂地把打骂当成了教育孩子的一种顺理成章的措施。还有的父母由于生活压力大，处于社会中下层，会把全盘控制孩子作为一种逃避和满足，甚至把自己在社会中的压力转嫁到

孩子身上，比如要求孩子一定要出人头地等。

有些家长平时一生气就劈头盖脸地朝男孩打过去，根本不分青红皂白，有时还要动用身边的扫把、树枝、尺子等工具。心理专家分析，那些经常打骂孩子的家长往往是心理自制力比较差的人。他们本身办事就缺乏耐心，对男孩的教育存在问题。而他们一心想棍棒之下出孝子，结果只能事与愿违。有的家长更是越打越气，把男孩当成自己的出气筒。如果遇上一些比较倔强的男孩，他们更是会失去理智，许多家庭悲剧就是这样发展的。

有的家长会比较理智，他们觉得孩子总归要打，但头打不得，打屁股没事，因为小屁股肉厚。然而从科学的角度讲，孩子的屁股照样不能打。轻者，孩子会皮下血肿，神经受损，重则殃及内脏或由于广泛性出血而引起休克。所以，父母打孩子本身就是错误的教育方式。

父母打男孩，对男孩的成长以及心理健康是极其不利的。由于他们神经系统比较脆弱，粗暴的态度及打骂恐吓会使他们的精神高度紧张、恐惧，甚至引发心理障碍。有的父母在打骂恐吓男孩时，经常使用“不要你了，扔了算了”等语言，这会在男孩幼小的心灵上留下较深的创伤。更可怕的是，经常挨打的男孩会有暴力倾向，他会模仿家长去打别人，父母打他时表现得越粗暴，他对小朋友也就越粗暴。有的还会产生仇恨心理，在感情上与父母疏远，日后可发展为虐待父母。

父母打骂孩子，百害而无一利。当男孩犯错时，父母应该加以引导，让他们意识到错误的危害，督促他们今后加以改正。现代父母必须拒绝打骂男孩，改变以打施教的教育方式，对男孩采取循循善诱、以理服人的方法，给孩子创造一个良好的成长环境。

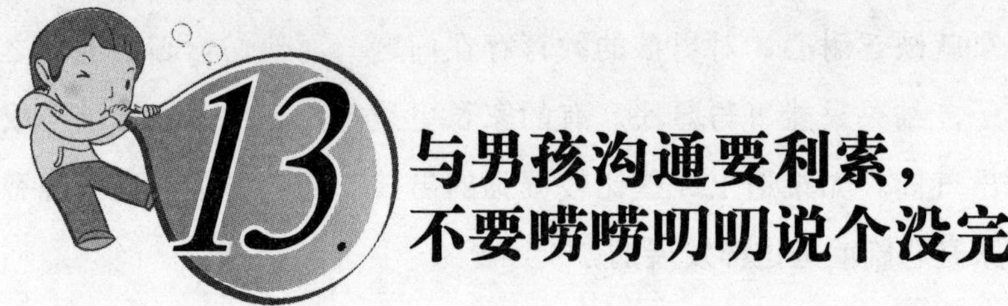

13. 与男孩沟通要利索，不要唠唠叨叨说个没完

父母关心男孩，或者对他的短处给以批评，这是父母应尽的责任。但是方法不当，过于唠叨，往往会适得其反。因此，与孩子沟通时一定要利利索索，不要唠叨个没完没了。

可怜天下父母心！在家庭生活中，父母为了表示对男孩的关心，经常嘘寒问暖，对日常生活的细节经常不断叮嘱与督促。然而任何事情都应有度，如果家长过分唠叨，只会招致男孩的反感。一般而言，父母唠叨主要表现为机械性地重复陈词滥调。如果父母将同样的话反复说很多遍，而且几乎每天提及，就会让男孩的身心感到急躁不安，让男孩感到心烦意乱，无法投入正常的学习状态。

另外，父母唠叨的内容经常是关于孩子的弱点与短处，没完没了地数落，有时甚至是冷嘲热讽，只会让男孩感到自己不受尊重，家长即使是好意，如果老以“不许这样”，“不要那样”等命令式口气，也会让男孩因一时冲动而消极对抗，产生自我保护式的逆反心理。

王华平时每天起床总要让妈妈提醒，不知叫多少遍他才懒洋洋伸伸懒腰，起床刷牙漱口，抹两把脸。这时，妈妈早已将他的早餐牛奶、鸡蛋、面包准备好了，他抓紧时间吃完后便开始为上学准备了。妈妈一边为他叠被子，收拾零乱的房间，一边嘴里不停地唠叨着：

“王华，你何时才能长大？你所到之处，老是乱七八糟，让我跟在你屁股后面收拾。早晨懒得起床，我喊破嗓子你才动一动。是不是早饭凉了？千万不能狼吞虎咽，这样对你的胃不好，我经常和你说，你怎么每天都得提醒。上学的时候要注意安全，要多看红绿灯。去了学校要和同学好好相处……”

听着妈妈的唠叨，王华表面答应，实际上却充耳不闻。他不管三七二十一填饱肚子，正准备拿起书包时，妈妈又着急地叫住他：“你着什么急呀，忘了带零花钱了？给你十块钱吧。上学的东西你都带全了吧，不要又落下什么。你这孩子，每天得提醒！”

以上这一幕，是每天在许多家庭里都要上演的一幕。父母总是为儿女牵肠挂肚，反复叮嘱，然而这也是中国父母最常见的错误：唠叨。

从心理学的角度讲，如果一个人经常反复听同样的话，这会让他产生一种习惯性的模糊听觉。这也是在讲，听者表面明明在听，实际上却根本没用心听。因此，父母在孩子面前经常唠叨只会让他心生反感。父母应该静下心来，好好想想，自己是否真的唠叨过度。

父母的唠叨不仅会让男孩感到心烦，而且还容易让男孩产生依赖感。父母的唠叨会让男孩增加心理负担，让男孩缺乏信心。随意的唠叨还会让男孩平时注意力不集中，将重要的事情当做耳旁风。那么，作为父母，究竟怎样才会避免对孩子唠叨呢？

（1）父母讲话要慎重，不能信口开河。有的父母想锻炼孩子，培养孩子的毅力，但是心里又心疼孩子，怕孩子吃苦。比如给孩子作出规定，只有做好作业才能吃饭，可是到了实际中，又怕孩子肚子饿，到时又说“快做快做，饭都凉了。你还想不想吃饭”诸如此类自相矛盾的话。

（2）父母要多关注男孩的长处，不能只盯着孩子的缺点。有的家长对男孩的要求极高，从来不会注意孩子的优点，每天总是翻来覆去地讲孩子的缺点。其实，绝大多数孩子都希望父母对自己的进步有所奖励，但是父母却总是喋喋不休地数落自己的缺点，反反复复地教训自己。这会让男孩感到父母不理解自己，从而产生逆反心理，很难形成良好的个性。

（3）父母对男孩的要求要符合实际。在父母眼中，男孩始终是不成熟的小孩，他们的行为有时过于鲁莽。这时，父母应对男孩加以正确的指导。父母对男孩寄予厚望，但也要符合孩子的实际，不能超越他的能力范围。如果总在孩子耳边不停提醒，往往收效甚微，有时甚至适得其反，只会挫伤男孩的自信心。

（4）父母不应限制男孩的自由，给男孩一定的自主权。男孩是独立的个体，他会有自己的思想。如果父母对男孩强行要求，违背男孩的愿望，男孩自然会表示强烈反对。相反，给孩子一定的喘息空间，往往会达到预期的效果。

另外，父母的包办会让男孩失去锻炼自己独立自主的机会。男孩做自己愿意的事情，就会提高积极性，产生兴趣，不需要父母的催促和提醒，他们会自己想办法。

14. 男孩也有隐私权，父母不要随意侵犯

父母要尊重男孩的隐私，不能无所顾忌。如果孩子不愿意把秘密告诉父母，要么是时机还未成熟，不是告诉父母的时候，要么是孩子不愿意告诉父母。如果父母强行揭露，自然会遭到孩子的反感，从而与其产生隔阂，不利于以后的贴心沟通。

隐私是男孩珍藏在心里、不愿意告诉他人的秘密。随着年龄的增长，男孩的生活领域会扩大，情感生活会丰富，自尊意识也在不断增强，以前无所顾忌敞开的心扉也会随之关闭起来。然而，很多父母却一直把他们当做小孩看待，忽略了他们也会有自己的秘密。

家长无所顾忌地进入孩子的世界，私拆孩子的信件，看他们的笔记，监听他们的电话，这些都是侵犯男孩隐私的表现。

黎强是一名初中生。有一天，他正着急赶往学校，突然想起昨天晚上的作业忘记带了，于是他掉头往家跑。当他掏出钥匙打开家门时，看到妈妈正好从自己的房间里出来，脸上带着不自然的表情。黎强走进自己的房间去拿作业本，推开房门时一下子愣住了，原来他的屋子被妈妈翻得乱七八糟。他书桌的抽屉全部敞开着，日记本、同学们送的生日礼物及贺卡等，全都胡乱地堆在桌子上。

黎强见状，十分生气地质问妈妈："你为什么没经我的同意随便动我的东西？”

没想到妈妈理直气壮，比他还生气：“怎么了？当妈妈的看看儿子的东西还有错吗？”

“可是你应该事先经过我的允许啊！”黎强很愤怒地回答妈妈。

“小孩子有什么允许不允许的，别忘了我是你妈妈，好了，快去上学吧！”妈妈毫不在乎地对他说。

侵犯男孩的隐私权，会伤害男孩的自尊心。男孩长大后会有自尊心，会感到自己的独立性，希望自己的隐私被尊重。父母总是认为男孩年龄小，把侵犯隐私当做关心孩子，一切都是为了孩子的成长，防止孩子误入歧途。孩子尽管了解父母的本意是出于对自己的爱护，但是，父母的过激行为会表明他们对子女的不信任，只会伤及子女的自尊心。

如果父母为了了解男孩而专门偷看他的隐私，这会得不偿失。因为这种做法会伤害孩子的自尊心，造成孩子沉重的精神压力，甚至使孩子产生敌意和反抗。孩子会因为自己的隐私受到侵犯而采取更极端的措施将其保护起来，把自己的心紧紧锁闭，导致父母与孩子关系的恶化。这样，父母想了解男孩就变得更加困难了。理智的做法是尊重孩子的隐私权，给他一个自由的空间，这样做并非放任自流，而是对孩子的隐私给予充分的关注和积极的引导。